KB072432

노후 콘크리트교량 보수보강 지침(안)

노후 콘크리트교량 보수보강 지침(안)

I. 노후 콘크리트교량 보수절차서(안)

II. 노후 콘크리트교량 보강 설계지침(안)

III. 노후 콘크리트교량 보강 시공절차서(안)

IV. 노후 콘크리트교량 보강공법 유지관리 매뉴얼(안)

노후교량장수명화연구단장 박영석

KSCE PRESS
KOREAN SOCIETY OF CIVIL ENGINEERS PRESS

∥머리말∥

1970년대에 들어서 산업이 급격히 발전하면서 도로, 철도, 항만, 공항과 같은 많은 국토인프라 시설들이 건설되었습니다. 특히 많은 도로와 철도 건설이 진행되면서 강교, 철근콘크리트교, PSC교 등의 교량이 많이 건설되었습니다. 이러한 교량들이 노후화되기 시작하면서 1994년에는 성수대교 붕괴사고가 발생하였고, 이 사고를 계기로 「시설물의 안전관리에 관한 특별법」이 제정되고 노후교량에 대한 대대적인 안전진단과 보수보강이 수행되었습니다. 그러나 노후교량에 대한 수많은 보수보강에도 불구하고 보수보강 효과에 대한 실험적 검증이나 보수보강 절차에 관한 상세한 지침이 없었습니다.

2017년부터 5년간에 걸쳐 수행된 노후교량장수명화연구단과 건설기술연구원은 공동으로 노후교량 보수보강 효과를 검증하기 위한 많은 실험검증을 수행하였습니다. 한국건설기술연구원에서는 보수보강 공법별로 많은 시험체를 제작하여 보수보강 실험을 수행하였고, 이 결과들을 실제 사용하였던 노후교량 거더에 직접 적용하여 그 효과를 검증하였습니다. 연구단에서는 이렇게 얻은 실험결과들을 분석하여 보수보강 업체와 실무기술자들이 현장에서 쉽게 참고할 수 있도록 본 지침서를 작성하였습니다.

본 지침서는 콘크리트교량의 보수 시에 교량의 장기적인 성능변화를 고려한 합리적인 보수 평가 절차를 제공하기 위한 「노후 콘크리트교량의 보수절차서(안)」을 작성하였습니다. 또한, 교량의 안전성과 내구성을 확보할 수 있도록 콘크리트 교량의 보강 시에도 최소한의 설계절차인 「노후 콘크리트교량의 보강설계지침(안)」을 제시하였습니다. 이에 더해서, 교량 보강 시 시공업무의 효율화와 공사의 품질향상을 위하여 일반적인 시공기준과 시공절차를 제시하는 「콘크리트교량의 보강 시공절차서(안)」을 제시하였습니다. 보강된 노후 콘크리트교량의 안전성 확보, 경제적인 유지관리를 위해서 기본적으로 알아야 할 보강 관점에서의 점검부위, 점검 방법 및 평가에 대한 실무적인 정보를 수집하여 「노후 콘크리트교량의 보강공법 유지관리 매뉴얼(안)」을 제시하였습니다.

그동안 지침서 작성에 필요한 연구비 지원을 아끼지 않은 국토교통부, 국토교통과학기술진흥원과 실험연구를 지원해 준 한국건설기술연구원 및 하이브리드구조실험센터 관계자 여러분들께 진심으로 감사를 드립니다. 끝으로 많은 시험체를 제작하여 실험을 수행하고 지침서 작성에 수고를 한 건설기술연구원의 박종섭 박사, 박희범 박사와 명지대학교 하이브리드구조실험센터의 김현중 박사, 성영훈 연구원에게 진심으로 감사드립니다.

끝으로 본 보수보강 지침서가 교량 현장에서 보수보강 업무에 종사하는 건설기술인들에게 많은 도움이 되기를 기대합니다.

노후교량장수명화연구단장

박 영 석

CONTENTS

I 노후 콘크리트교량 보수절차서(안)

II 노후 콘크리트교량 보강 설계지침(안)

III 노후 콘크리트교량 보강 시공절차서(안)

IV 노후 콘크리트교량 보강공법 유지관리 매뉴얼(안)

제1장 총 칙

제2장 보강공법 유지관리

제3장 보강공법 품질관리

I

노후 콘크리트교량 보수절차서(안)

제1장 총 칙

1.1 목 적

이 평가절차서는 그동안 단편적인 성능정보만을 이용해 설계·시공되었던 콘크리트 교량의 보수공법에서 보수 후 장기적인 성능변화를 고려한 합리적 보수 평가 절차를 제공하는데 그 목적이 있다.

기존 콘크리트 교량의 보수는 손상유형별로 원상복구를 목적으로 한 보수가 이루어졌으며, 보수재료는 역학적 성능평가를 주로 수행하였다. 이 평가절차서에서는 내구성 목표 성능별 복합보수를 목적으로 하며, 보수재료에 대한 기존 성능평가에 추가적으로 일체화 성능을 평가하도록 제시하였다.

이러한 객관적이고 표준화된 보수평가절차는 영세 보수 업체들의 무리한 출혈경쟁을 지양하고 합리적 보수를 통한 노후 교량의 장수명화에 기여할 수 있을 것으로 기대한다.

1.2 적용범위

(1) 이 평가절차서는 국내 건설공사 관련법규, 해당 시설물별 설계기준과 표준시방서를 적용하여 설계·시공된 기존 시설물의 유지관리를 위해서 실시되는 보수공사 설계에 적용한다.

(2) 이 평가절차서에서 제시하는 보수공법의 적용범위는 콘크리트 교량의 상부구조 중 바닥판과 거더를 대상으로 한다.

(3) 이 평가절차서의 규정은 교량의 유지관리 및 안정성을 확보하기 위해 필요한 최소한의 요구조건을 제시한 것으로 특별한 설계방법은 이 절차서에 포함되지 않는다. 다만, 널리 알려진 이론이나 시험에 의해 기술적으로 증명된 사항에 대해서는 발주처의 승인

을 얻어 관련 설계기준의 적용을 대체할 수 있다.

(4) 이 평가절차서에 규정되어 있지 않은 사항에 대해서는 국토교통부에서 제정한 관련 설계기준과 설계지침 등에 따른다.

(5) 기존 교량의 보수 설계를 위한 조사, 상태평가, 유지관리절차와 방법 등에 대해서는 시설물의 안전관리에 관한 법규와 시설물별 세부지침에 따른다.

보수의 정의

이 평가절차서에서는 보수에 대해 다음과 같이 정의한다.

- 시설물의 열화, 손상에 대한 내구성능을 회복시키는 것을 목적으로 한 유지관리 대책

국내 및 국외 기준에서 정의하는 보수는 아래와 같다.

- 시설물의 내구성능을 회복 또는 향상시키는 것을 목적으로 한 유지관리 대책(안전점검 및 정밀안전진단 세부지침, 2017)
- 구조물의 구조변경 없이 손상의 진행을 방지하기 위한 조치(시설물의 보수보강 요령(안) 작성 연구, 2019)
- 손상된 콘크리트 구조물에서 안정성, 사용성, 내구성, 미관 등의 기능을 회복시키기 위한 것(콘크리트구조기준, 2012)
- 마모, 손상 또는 열화된 부분을 교체하거나 구조물을 허용 가능한 상태로 복원(ISO 16311)
- 열화, 손상, 부재의 잘못된 공사를 수정하기 위한 콘크리트 구조물의 재구성 또는 복원(ACI 562-16)

1.3 참고 기준

(1) 시설물 보수보강 요령(안) (교량, 터널) - 한국시설안전공단, 2019년

(2) 시설물의 안전점검 및 정밀안전진단 실시 등에 관한 지침 - 국토교통부, 2016년

(3) 안전점검 및 정밀안전진단 세부지침 - 국토교통부, 2017년

(4) 콘크리트구조기준 - 국토해양부, 2012년

(5) ACI 546.3R-14 Guide to Materials Selection for Concrete Repair - ACI, 2014년

(6) ACI 562-16 Code Requirments for Assessment, Repair, and Rehabilitation of Existing Concrete Structures and Commentary - ACI, 2016년

(7) ISO 16311 Maintenance and repari of concrete structures - ISO, 2014년

(8) EN 1504 Products and systems for the protection and repair of concrete structures - The European Standard, 2005년

1.4 신규 기술의 적용

(1) 건설신기술은 건설기술진흥법에서 정하는 바에 따라 지정된 신기술·신공법 등으로서 이러한 공법에 대한 설계방법과 적용기준은 이 설계기준에서 제시하지 않는다. 이는 설계기준의 특성상 다양한 공법에 대한 설계방법과 적용기준을 세세하게 다루지 못하는 점과 향후에 개발될 수 있는 새로운 공법에 대한 형평성 및 새로운 기술의 개발과 적용을 제한할 수 있다는 점에 기인한다.

(2) 신기술의 설계와 적용기준에 대해서는 이 평가절차서의 관련 공법을 참고하여 기술개발자가 제시하는 방법을 이용하여 설계하며 이 기준에서 규정하고 있는 공법에서 요구하는 성능을 만족하거나 동등 이상의 성능을 가지는 경우 적용할 수 있다.

1.5 용어정의

보수 보유성능 평가에 적용하는 용어는 관련 법규와 해당 시설물별 기준 및 지침의 정의를 따른다. 이 절차서에 자주 인용되고 공통적으로 적용되는 용어의 정의는 다음과 같다.

- 결함 : 시설물 또는 구성부재가 설계 의향과는 다르게 비정상적으로 축조되어 시설물이 불안정한 상태
- 균열폭 : 콘크리트 표면에서 균열방향에 직교한 폭
- 균열주입공 : 균열주입공은 콘크리트 구조물의 균열폭이 0.2mm 이상의 경우에 균열 내부에 수지계 또는 무기계재료를 주입하여 균열면의 충전에 의해 방수성과 내구성을 향상시키는 공법

- 균열충전공 : 충전공은 콘크리트 구조물의 균열이 0.5mm 이상의 큰 폭을 가진 균열의 보수에 적용하는 공법으로 균열면을 일정 부분 U형 또는 V형으로 컷팅한 후 그 부분에 보수재를 채워 넣는 방법

- 균열피복공 : 균열피복공은 콘크리트 구조물의 표면에 발생한 미세한 균열(0.2mm 미만) 위에 도막을 형성하여 방수성, 내구성 향상을 위해 사용하는 공법

- 균열주입재 : 균열주입재는 균열내부에 주입하는 수지계 또는 무기질계 재료로 주입재의 종류에 따라 수지계, 시멘트계, 실링재로 구분한다.

- 균열충전재 : 균열폭이 큰 경우에 콘크리트 균열면의 커팅 후 공동부분을 채워 넣는 재료로 사용되는 충전재료는 폴리머 시멘트 모르타르, 폴리머 모르타르, 시멘트 모르타르 또는 콘크리트 등이 있음

- 내구성 : 콘크리트가 설계조건에서 시간경과에 따른 내구적 성능 저하로부터 요구되는 성능의 수준을 지속시킬 수 있는 성질

- 내하력 : 구조물이나 구조부재가 견딜 수 있는 하중 또는 힘의 한도

- 단면복원 : 콘크리트의 열화, 강재의 부식, 그 외 원인에 의하여 손상된 콘크리트 단면 또는 허용한도 이상의 열화인자를 포함한 콘크리트 부분을 제거한 후 단면을 원래의 성능 및 형상치수로 되돌리는 것

- 단면복구부 : 제거된 열화부 또는 결손 부위에서 단면복구공의 적용범위

- 단면복구공법 : 콘크리트의 열화 강재의 부식, 그 외의 원인으로 결손된 콘크리트 단면 또는 열화가 발생된 콘크리트 부분을 제거한 후 단면을 원래의 성능 및 형상치수로 되돌리기 위하여 이용하는 공법

- 단면복구재 : 단면복구를 실실할 때 사용하는 재료. 단면복구재는 시멘트 모르타르, 폴리머 시멘트 모르타르 및 폴리머 모르타르, 폴리머콘크리트가 있음

- 무기계피복 : 표면피복에서 피복을 형성하기 위하여 사용되는 재료가 무기계의 재료를 주성분으로 하는 것 또는 이것과 매쉬의 조합을 피복의 구성재료로 하는 것

- 무기계피복공법 : 표면피복 공법 중 무기계피복재를 이용하는 공법으로 단층에 의한 도포공법, 복층에 의한 도포공법 및 매쉬공법이 있음

- 미장공법 : 단면 복구를 실시할 때 거푸집을 설치하지 않고 쇠흙손이나 나무흙손 등

을 이용하여 인력으로 단면복구재를 시공하는 공법

- 박락 : 열화 및 박리 등의 상태변화로 인해 콘크리트 조각 또는 구체가 떨어져 파괴되는 것

- 박락 방지 : 콘크리트 표면을 쉬트 등으로 피복하여 열화된 콘크리트 조각의 낙하를 방지하는 것

- 박리 : 상태변화로 인해 콘크리트 표면의 얇은 층이 떨어지는 현상

- 상태변화 : 초기결함, 손상, 열화 등을 총칭하여 이르는 말

- 손상 : 지진이나 충돌 등에 의해 균열이나 박리 등이 단시간에 발생하는 것을 나타내며 시간의 경과에 따라서 진행하지는 않음

- 시멘트 모르타르 : 포틀랜드시멘트 및 알루미나시멘트 등의 시멘트 잔골재 및 물, 추가로 실리카흄, 플라이애쉬 또는 고로슬래그분말 등의 혼화재와 화학혼화제를 적정히 첨가한 것

- 시멘트 혼화용 폴리머 : 시멘트 모르타르 및 콘크리트의 개질을 목적으로 여러 재료를 혼합하여 사용하는 시멘트혼화용 폴리머디스퍼젼 및 재유화형분말수지의 총칭

- 안전점검 : 경험과 기술을 갖춘 자가 육안이나 점검기구 등으로 검사하여 내재되어 있는 위험요인을 조사하는 행위

- 에폭시 함침 수지 : 콘크리트 표면에 접착시키는 작용을 하는 에폭시, 현장 적층형으로 여러 겹 중첩하는 경우에는 강판 상호간의 접착제로 사용

- 에폭시 접착 수지 : 강판을 콘크리트 표면에 접착시키는 기능을 하는 에폭시 수지. 통상적으로 강판접착기술에서는 고점도의 에폭시 수지 사용

- 열화 : 구조물의 재료적 성질 또는 물리, 화학, 기후적 혹은 환경적인 요인에 의하여 주로 시공 이후에 장기적으로 발생하는 내구성능의 저하현상으로 시간의 경과에 따라 진행함

- 열화부 : 탄산화, 염해, 알칼리골재반응 등에 의한 열화 또는 손상에 의해 균열, 박리, 박락, 연약화 등이 발생된 콘크리트 부분 또는 물리적으로 건전하나 탄산화의 진전, 염화물이온의 축적이 된 콘크리트 부분

- 유기계피복 : 수분, 염부, 산소, 이산화탄소 등과 같은 열화인자의 차단 또는 미관·경관

확보를 위하여 콘크리트표면을 보호하는 유기계피복재 및 시스템의 총칭

- 유기계피복재 : 피복에 적용하고 있는 유기계폴리머를 주성분으로 하는 재료
- 유기계피복공법 : 구조물의 표면보호를 위하여 시공되는 유기계피복시스템의 전체 및 그것을 시공하는 것, 재료의 설계, 시공, 점검 및 시공 후의 유지관리를 포함
- 정밀안전진단 : 시설물의 물리적·기능적 결함을 발견하고, 그에 대한 신속하고 적절한 조치를 하기 위하여 구조적 안전성과 결함의 원인 등을 조사·측정·평가하여 보수·보강 등의 방법을 제시하는 행위
- 충전공법 : 단면복구를 실시한 부분에 거푸집을 설치하여 유동성을 가진 단면복구재를 타설 또는 유입하는 공법. 모르타르주입공법, 타설콘크리트공법, 프리팩트공법이 있음
- 폴리머 모르타르 : 폴리머를 결합재로 하여 충전재 및 세골재를 첨가한 모르타르. 결합재에 액상레진에 따라 레진모르타르 또는 수지모르타르로 분류
- 폴리머 시멘트 모르타르 : 결합재에 시멘트와 시멘트혼화용 폴리머를 이용한 모르타르. 시멘트, 물, 시멘트혼화용 폴리머, 골재 및 실리카흄, 플라이애쉬, 고로슬래그분말 등의 혼화재와 섬유와 화학혼화제 등을 적정히 첨가한 것
- 표면함침공법 : 정해진 효과를 발휘하는 재료를 콘크리트 표면부터 함침시켜, 콘크리트 표면부의 조직을 개질하여 콘크리트 표층부의 특수기능을 부여하는 공법
- 표면함침재 : 표면보호공에서 콘크리트 표면부터 내부로 함침되는 재료. 콘크리트에 대한 함침성을 부여하여 콘크리트 표층부에 발수성과 알칼리성을 부여하는 성능, 그 외의 다른 특수한 성능을 부여하여 콘크리트 조직을 개질하는 성능이 요구됨
- 함침깊이 : 표면함침재를 콘크리트에 함침시킬 때 주성분이 침투한 깊이

1.6 사용단위계

보수설계에 적용하는 단위계는 국제단위계(SI Units)를 적용한다. 다만, 국제단위계로 변경 또는 환산할 수 없는 외국기준의 도표, 공식 등을 적용하는 경우에는 해당 기준에서 사용한 단위계를 병용할 수 있으나 최종 계산결과는 국제단위계로 환산하여 표기하도록 한다.

1.7 구 성

(1) 이 절차서는 내용상으로 크게 절차서의 목적 및 적용범위를 나타내는 총칙, 보수공법의 목표 성능지표 설정 및 범위 설정, 보수공법별 재료의 품질기준 그리고 보수목적에 따른 보수공법별 대료 재료의 성능 시험방법으로 구분하여 구성되어 있다. 세부적인 구성 내용은 다음과 같다.

- 제1장 총칙
- 제2장 보수절차 일반사항
- 제3장 보수공법 목표 성능지표 및 범위 설정
- 제4장 보수재료 요구성능 및 품질기준
- 제5장 보수목적별 보수공법 재료 시험방법

(2) 이 절차서는 콘크리트 교량의 보수에 있어 합리적이고 타당성있는 계획과 시공품질의 적정성 확보를 위해 적용하는 가장 보편적인 내용과 공법에 대해서 다루고 있으며, 특정한 기술이나 공법에 대한 기준과 방법은 포함되지 않는다.

1.8 일러두기

(1) 이 절차서는 콘크리트 교량의 설계기준, 설계지침, 시방서 등의 관련 규정과 국내·외 참고문헌의 내용을 반영하여 작성되었으나, 관련 규정은 지속적으로 개정되고 있으므로 관련 기준이 개정되는 경우 개정된 사항을 적용하여야 한다.

(2) 절차서에 기술된 표과 식들은 설계자의 개념적 이해를 돕기 위한 목적으로 작성되었으므로 설계자는 콘크리트 교량의 보수설계 조건에 따라 설계철학과 창의력을 발휘하여 보다 발전적인 설계를 하여야 한다.

(3) 절차서의 내용과 관련 기준의 해당 규정이 상충되는 경우 관계 법규, 설계기준, 시방서, 발주처 지침을 우선적으로 적용하여야 한다.

(4) 이 평가절차서에서는 콘크리트 교량에 적용되는 대표 보수공법에 대하여 작성되었으며, 정하지 않은 보수공법에 대하여는 이 절차서 내에 유사 공법을 준용하거나 발주처와 협의하여 설계하여야 한다.

제2장 보수절차 일반사항

2.1 보수원칙

(1) 콘크리트 교량의 보수는 안전점검이나 정밀안전진단을 통하여 교량에 발생한 손상, 결함, 열화, 그리고 기타 비정상적인 상태를 파악하고 내구성 평가 항목에 따라 내구성 평가가 이루어진 이후에 설계를 수행해야 한다.

(2) 점검 및 진단을 통해 콘크리트 교량의 현재 상태를 파악하고 내구성능을 회복할 수 있도록 보수설계가 이루어져야 한다.

2.2 보수절차

콘크리트 교량의 보수는 다음과 같은 단계별 절차에 따른다.

(1) 조사·진단 및 보수계획 수립

① 조사계획 및 내구성 평가 항목 작성

② 조사 및 내구성 평가 실시

③ 보수 여부 판정

(2) 보수 설계

① 현재 상태대비 회복목표 설정

② 내구성능 회복을 위한 보수범위 설정

③ 보수범위에 적합한 보수공법 및 재료 선정

④ 설계도서 작성

2.3 보수 설계방법 및 업무

콘크리트 교량 보수 설계의 기본적인 사항에 대해서는 총칙에서 규정한 바와 같이 콘크리트 교량 설계기준, 설계지침, 유지관리지침 등에 따른다.

콘크리트 교량의 보수 설계에서 주요업무는 다음과 같다.

(1) 구체적인 내구성능 회복 목표 설정

(2) 보수공법의 적용범위 결정

(3) 적용범위에 적합한 보수공법 선정

(4) 보수공법에 맞는 보수재료 선정

(5) 보수를 위한 안정성 검토

(6) 보수공사 사양서 작성

2.4 손상의 종류

(1) 이 평가절차에서는 철근콘크리트(Reinforced Concrete: RC) 형식과 프리스트레스트 콘크리트(Prestressed Concrete: PSC) 형식의 콘크리트 교량을 대상으로 손상의 종류를 분류한다.

(2) 콘크리트 교량의 손상은 표 1과 같이 교량통합관리시스템의 분류 정보를 토대로 교량별 대표부재를 분류하고 부재별 손상 유형으로 분류한다.

〈표 1〉 콘크리트 교량의 대표 부재별 손상 유형

대표 부재	발생 손상
RC 부재	오염, 누수 및 백태, 철근 노출 및 부식
	박리, 파손, 재료분리, 박락, 피복두께 부족
	균열, 망상균열
PSC 부재	박리, 파손, 재료분리, 피복두께 부족
	균열, 망상균열

① 교량관리시스템(BMS) 자료 협조 및 18개 국토관리사무소 방문 조사를 통해 2013년 이후 최근 5년간 일반국도 상 콘크리트 교량의 손상 점검결과 및 보수보강 현황에 대한 조사 및 분석을 수행하였다.

② 또한 국내외 문헌 및 기준 조사를 통해 손상의 종류 및 손상 원인 분석을 분석하였다.

③ 교량통합관리시스템은 일반국도 상 콘크리트 교량에 대한 손상 및 보수보강에 대한 정보를 아래 표와 같이 교량별 대표부재, 세부부재의 손상유형과 손상유형별 보수보강 정보로 관리하고 있다(국토교통부, 2012)

④ 하지만 현재 시스템에서는 손상 및 결함 유형으로 정보가 관리되고 있기 때문에 입력된 정보만으로 각 손상의 발생 원인에 대해서는 추적이 곤란하다.

⑤ 이 평가절차서에서는 보수현황에 대한 조사 분석 결과를 통해 최근 5년간 수행되지 않은 손상에 대해서는 따로 분류하지 않았다.

콘크리트 교량별 대표 손상에 따른 손상 유형 분류

대표 부재	발생 손상
RC 부재	균열, 파손, 망상균열, 재료분리, 박리, 박락
	철근노출 /부식, 피복두께 부족
	오염, 누수 및 백태
PSC 부재	균열, 망상균열, 박락, 박리, 재료분리
	PS 강재 파단, PS 강재, 노출/부식, 피복두께 부족, 쉬스관 노출/부식, 철근노출/부식, 정착구 파손, 정착구 부식/파손
	오염, 누수 및 백태

2.5 보수재료

(1) 보수재료는 당초 콘크리트교량을 시공하는 데 적용한 사용재료를 적용하는 것이 좋다. 다만, 적용하는 보수공법의 특성과 목적상 당초 적용한 사용재료를 적용하는 것이 적합하지 아니할 때는 이 기준에서 정한 다른 사용재료를 사용할 수 있다.

(2) 콘크리트 교량의 보수에 사용되는 재료의 품질, 성능, 시험방법 등에 대해서는 한국산업규격에 따르며, 이와 관련된 국내규격이 없는 경우에는 감독자와 협의하여 외국규격을 적용할 수 있다.

2.6 품질기준 및 시험방법

2.6.1 요구성능

(1) 콘크리트 교량의 보수에 적용되는 사용재료는 관련 기준, 한국산업규격 등에 규정된 성능을 만족하여야 한다.

(2) 보수에 적용되는 사용재료는 다음과 같은 성능이 요구된다.

① 치수안정성   ② 역학적 성능

③ 내구성능   ④ 시공성

⑤ 미적 성능   ⑥ 경제성

⑦ 환경부하 및 지속가능성

2.6.2 사용재료의 품질기준

사용하는 보수재료는 용도별 요구 특성값을 고려하여 한국산업규격에 적합한 품질기준을 만족하여야 하며, 관련 품질기준이 없는 경우에는 이 평가절차서에서 제안하는 규격을 사용할 수 있다.

2.6.3 적용규격 및 시험방법

보수재료의 규격 및 시험방법은 한국산업규격을 따르되, 규격품 이외의 재료를 사용하고자 할 때는 해당 산업규격 절차 또는 동등 이상의 성능을 확보할 수 있는 품질확인서를 제출하여 감독자의 승인을 받아 사용할 수 있다.

2.6.4 설계의 기록

보수공법 설계의 기록은 공사 후 구조물의 유지관리를 적절하게 행하기 위하여 건설공사의 설계도서 작성기준에 따라 작성하여 정해진 기간 동안 보존하도록 한다.

제3장 　보수공법 목표 성능지표 및 범위 설정

3.1 보수공법 목표 성능지표 설정

3.1.1 보수공법 목표 성능지표 설정 원칙

콘크리트 교량의 보수는 안전점검이나 정밀안전진단을 통하여 해당 교량에 발생한 손상, 결함, 열화 그리고 비정상적인 상태의 원인을 정확히 파악한 후 보수목적을 달성할 수 있도록 목표 성능지표를 설정하여야 한다.

해설

① 구조물의 보강을 내구성 측면에서 고찰하면 아래 그림과 같은 목표성능이 있으며, 이 목표성능 설정은 시공성, 경제성에 크게 영향을 받는다.

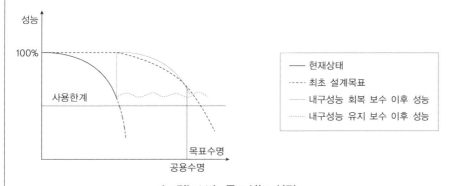

〈그림〉 보수 목표성능 설정

② 콘크리트 교량의 보수 기술은 기존 교량의 노후도, 향후 사용계획 등에 따라 기대효과 및 사용 기대수명 등과 같은 요구 성능을 달리 적용하는 것이 타당하다. 현재 국내 콘크리트 교량 보수보강 분야에서는 다양한 공법들이 적용되고 있으나 보수분야에서는 주로 손상을 제거하거나 복원하는 방식의 기술이 주로 사용되고 있다.

③ 본 연구의 1차년도 연구에서 실제 보수보강이 이루어진 교량들의 시방서와 설계자료들을 조사 분석한 바에 따르면 보강의 경우에는 비교적 명확하게 현재의 내하력을 보강 후

어느 정도까지 증가시킬 것인지 제시하고 있다(노후교량 장수명화 연구단 1차년도 질적 보고서, 2017).

④ 그러나 보수분야에서는 별도의 목적이나 전략이 제시되지 않고 단순히 균열 보수, 단면손실·손상부에 대한 복구, 표면보호로 공법을 구분하고 적용하고 있다. 즉, 보수 후 성능확보 목표가 무엇인지, 목표성능 확보를 위해서는 보수재료 또는 공법이 어떤 성능을 갖춰야 하는지에 대해 제시되지 않고 있다.

⑤ 이 평가절차서에서는 국내외 관련 기준과 규격 분석 및 국내 보수공법 적용 현황에 대한 분석을 통해 콘크리트 교량에 발생한 손상에 대응하여 보수 목적 및 전략을 어떤 절차에 따라 수립할 것인가에 대한 방법론과 설정된 목적에 적합한 보수재료 및 공법을 어떻게 평가할 것인가에 대한 절차, 평가되는 특성값의 요구성능 지표를 제안하였다.

3.1.2 보수공법 목표성능 지표의 설정

(1) 콘크리트 교량의 콘크리트 부재에 대한 상태 평가 및 내구성평가 결과를 바탕으로 보수 목표를 설정해야 한다.

(2) 콘크리트 교량의 보수 목표성능 지표 설정은 다음과 같은 단계별 절차에 따른다.

① 종합성능평가 내구성평가(탄산화, 염해) 결과에 대한 대응을 보수의 주요 목표로 설정하고 각 내구성 항목에 영향을 주는 손상(상태평가결과)을 대상으로 보수를 실시한다.

② 상태평가결과에 따른 손상에 대해서는 수밀성, 화학적 저항성, 물리적 저항성을 목표로 설정할 수 있다.

③ 이 경우, 목표 성능 기준은 기존 콘크리트 성능의 동등 이상으로 설정하도록 한다.

해설

① 국내에서는 '교량유지관리매뉴얼'(2014)을 통해 개념적인 보수 절차를 제시하고 있으나, 각 절차별 구체적 내용은 포함하지 않고 있다. 특히, 보수 목적 및 요구성능 설정에 대한 지표를 제시하지 않고 있기 때문에 발주처 또는 설계자들에 의해 임의로 재료 및 공법이 선정되고 있다.

② 보수 목적 및 요구성능에 대한 지표가 없기 때문에 보수가 완료된 후 점검 및 진단결과에 상응하는 적절한 보수가 이루어졌는지도 평가가 곤란한 실정이다.

③ 이 평가절차서에서는 국내외 보수 관련 기준 분석결과를 바탕으로 보수 수행절차를 제시한다.

(3) 종합성능평가의 내구성 항목은 다음과 같다.

① **탄산화** : 안전점검 및 정밀안전진단 세부지침에 따라 탄산화 깊이의 상태를 평가한다.

② **염해** : 안전점검 및 정밀안전진단 세부지침에 따라 염해의 상태를 평가한다.

해설

① 탄산화는 현장측정을 통해 탄산화속도계수를 산정하여 평가한다.

〈표〉 탄산화 깊이의 상태평가 기준

평가기준	평가점수	탄산화 잔여 깊이	철근부식의 가능성
a	5	30mm 이상	탄산화에 의한 부식발생 우려 없음
b	4	10mm 이상~30mm 미만	향후 탄산화에 의한 부식발생 가능성 있음
c	3	0mm 이상~10mm 미만	탄산화에 의한 부식발생 가능성 높음
d	2	0mm 미만	철근부식 발생
e	1	–	–

② 염해는 철근까지 시료를 채취하여 평가한다. 단, 시표채취의 깊이는 책임기술자의 판단에 의해 실시한다.

〈표〉 염해의 상태평가 기준

평가기준	평가점수	탄산화 잔여 깊이	철근부식의 가능성
a	5	염화물≤0.3kg/m³	염화물에 의한 부식이 발생할 우려 없음
b	4	0.3kg/m³≤염화물≤1.2kg/m³	염화물이 함유되어 있으나, 부식발생 가능성 낮음
c	3	1.2kg/m³≤염화물≤2.5kg/m³	향후 염화물에 의한 부식발생 가능성 높음
d	2	염화물≥2.5kg/m³	철근부식 발생
e	1	–	–

(4) 상태평가에 따른 손상은 다음과 같다.

① 콘크리트 교량은 「시설물의 안전관리에 관한 특별법」을 근거로 하여 안전점검 및 정밀안전진단을 실시하도록 되어 있다.

② 이 평가절차서에서는 정밀안전진단을 통해서 조사된 손상들을 표 2에 나타낸 바와 같이 RC 부재와 PSC 부재의 대표손상으로 묶어서 열화, 파손, 균열로 분류한다.

〈표 2〉 콘크리트 손상유형별 대표 손상 분류

손상의 유형		대표 손상
대표 부재	손상 분류	
RC 부재	오염	열화
	누수 및 백태	
	철근 노출 및 부식	
PSC 부재	누수 및 백태	
	PS 강재 노출 및 부식	
	쉬스관 노출 및 부식	
	정착구 부식	
RC 부재	박리	파손
	파손	
	재료분리	
	박락	
	피복두께 부족	
PSC 부재	빅리	
	파손	
	재료분리	
	피복두께 부족	
	정착구 파손	
	PS 강재 파단	
RC 부재	균열	균열
	망상균열	
PSC 부재	균열	
	망상균열	

해설

「시설물의 안전관리에 관한 특별법」 제13조 및 같은 법 시행령 제13조에 따라 제정한 「시설물의 안전점검 및 정밀안전진단 지침」(국토교통부, 2016)의 시행을 위하여 제정된 세부지침인 「안전점검 및 정밀안전진단 세부지침」(한국시설안전공단, 2017)에 따라 정밀안전진단을 실시한다.

(5) 분류된 대표 손상들은 다음과 같은 내구성능을 향상시키는 것으로 진단하고 이에 따른 보수 목적을 결정한다.

① **탄산화** : 종합성능평가 내구성평가의 탄산화 깊이 항목에 대한 대응

② **염해** : 종합성능평가 내구성평가의 염화물 침투량, 염해환경에 대한 대응

③ **수밀성** : 수분 침투에 대한 저항성 강화

④ **화학 저항성** : 황산염 등 화학물질에 대한 저항성

⑤ **물리적 저항성** : 마모, 풍화, 동결융해에 대한 대응

해설

① 점검 및 진단을 통해 손상의 규모 및 원인 등이 파악되고 네트워크 레벨에서의 유지관리 전략이 수립되면 보수 목적을 설정하여 보수를 진행한다.

② 교량은 건설된 후 자연적인 노후화, 지속적인 사용, 공용기간의 경과에 따른 열화현상들로 인하여 국부손상이 발생된다. 이러한 손상은 교량의 사용성과 안전성을 저하하고, 교량의 수명도 단축시키게 되어 사회, 경제적인 손실을 현저하게 증가시킨다. 따라서 교량구조물의 안전성과 사용성을 확보하기 위해서는 시설물의 유지관리 활동, 즉 시설물의 안전점검, 진단, 보수 보강 조치, 교체, Data Base화 등의 조치가 따라야 하며 이 유지관리(Maintenance)정책은 아래의 3가지 개념에 따라 수행되어야 한다.

● 안전성의 고려

교량의 구조 안전성은 안전확보 측면에서 교량의 구조 위험성 영향에 따라 정해지는 요인이다. 이 요인은 구조 붕괴를 가장 지배하는 요인으로서 사용상의 안전을 추구하기 위해서 재정적인 부담의 상승에도 불구하고 더 높은 보수·보강 수준을 요구하게 된다.

● 교통흐름에 관련한 고려

교량은 도로기능을 가지므로 인접 도로와의 접근성, 사용성, 안전성이 같은 수준으로 유지되어야 한다. 유지관리업무는 가능한 한 교통의 장애가 최소화가 될 수 있는 방법으로 추구해야 한다.

● 경제성과 기술적인 고려

교량은 반영구적인 시설물로서, 재건설시의 비용뿐만 아니라 주요 간선도로의 임시적인 폐쇄 조치 등으로 비용이 저렴하고 긴급한 보수 보강이 가능하도록 장래의 공용기간에 대비한 유지관리 활동이 이루어져야 한다. 교량 유지관리는 사회간접자본에 투자되는 재정의 보호를 위해 경제적으로 대처할 수 있는 특별한 기술이 다양하게 적용되어야 한다.

③「시설물의 안전점검 및 정밀안전진단 실시 등에 관한 지침」에서는 다음의 경우 중에서

보수수준을 결정한다.

- 현상유지(진행억제)
- 실용상 지장이 없는 성능까지 회복
- 초기 수준 이상으로 개선
- 개축

④ ISO-16311, EN-1504 등에서는 위의 경우 외에 추적관찰, 재해석, 철거 등의 경우를 고려하지만, 보수수준 결정의 경우는 국내와 동일하다. 보수수준이 결정되면, 손상의 범위와 원인에 따라 보수목적을 결정해야 한다.

⑤ 이 평가절차서에서는 보수의 목적을 다음과 같은 내구성능을 향상시키는 것으로 결정하며, 보수보강 이후 각각의 항목에 대해 평가가 이루어질 필요가 있다.

- 수밀성 : 수분 침투에 대한 저항성 강화
- 화학 저항성 : 황산염 등 화학물질에 대한 저항성
- 탄산화 : 종합성능평가 내구성평가의 탄산화 깊이 항목에 대한 대응
- 염해 : 종합성능평가 내구성평가의 염화물 침투량, 염해환경에 대한 대응
- 물리적 저항성 : 마모, 풍화, 동결융해에 대한 대응

(6) 콘크리트 교량의 보수에 대한 목표가 설정되면 적용범위를 설정해야 하고, 이러한 적용범위를 토대로 목표성능에 따른 보수공법을 복합적으로 설계하여야 한다.

해설

손상대응의 기존 보수와 달리 목표대응의 복합 보수공법을 아래 그림과 같이 적용한다.

예를 들어 손상이 균열이라고 해도 목표가 화학 저항성 강화라면 균열보수와 구체보호공법을 복합적으로 적용한다.

본 연구에서 균열에 대한 복합적 보수공법 설계에 따른 성능평가를 위해 압축강도, 탄산화(침투깊이), 촉진탄산화(침투깊이, 속도계수), 염화물(침투깊이, 확산계수), 동결융해(상대동탄성계수, 내구성지수, 압축강도) 시험을 수행하였다. 그 결과 균열에 대해 복합적으로 보수공법을 적용하였을 때 내구성 향상 효과가 서로 다르게 나타나는 것을 확인하였다(노후 교량 장수명화 연구단 4차년도 질적보고서, 2020).

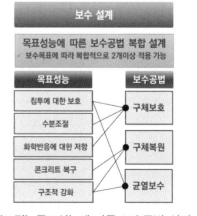

〈그림〉 목표성능에 따른 보수공법 선정

제4장 보수재료 요구성능 및 품질기준

4.1 일반사항

4.1.1 적용범위

(1) 보수범위에 맞는 공법이 선정되었으면 그 공법에 대하여 기대되는 효과가 발휘되는 재료를 사용해야 한다.

(2) 이 장에서는 대표 보수공법별로 사용되는 재료가 필수적으로 보유해야 하는 성능과 이에 대한 기준을 나타내고 있다.

4.2 콘크리트 구체보호공법 재료 요구성능 및 품질기준

4.2.1 일반

콘크리트 구체보호는 콘크리트 표면 또는 피복깊이에 보수재료를 침투시켜 외부로부터 유해물질을 차단하는 공법이다. 이에 대한 공법으로는 유기계피복공법, 무기계피복공법, 표면함침공법 등이 있다. 구체보호공법 재료는 다음과 같은 성능이 가장 중요하게 확보되어야 한다.

① 수분을 포함한 유해물질 침투 차단에 관련된 성능

② 기존 콘크리트와 일체성 관련 성능

③ 노출 환경에서의 내구 성능

4.2.2 적용범위

콘크리트 구체보호공법은 다음과 같은 적용범위를 가지고 적절한 보수공법 선정과 설계가 이루어져야 한다.

① 침투에 대한 보호

② 수분조절

③ 화학반응에 대한 저항

4.3 콘크리트 보수공법 재료 요구성능 및 품질기준

4.3.1 유기계피복공법

4.3.1.1 적용범위

콘크리트 교량을 대상으로 구조물의 내구성 향상, 보수, 미관·경관의 확보를 위한 목적으로 하는 유기계피복공법의 설계에 적용한다.

4.3.1.2 요구성능

(1) 일반사항

① 유기계피복이 표면보호할 콘크리트 교량의 요구성능을 확보하기 위하여 피복공법 설계 시 유기계피복의 요구성능을 설정한다.

② 대상 구조물의 열화에 대한 유기계피복의 요구성능은 탄산화, 염해, 동해, 화학적 침식 등에 대한 방지성능, 또는 알칼리골재반응에 대한 억제성능이 있다. 한편 필요에 따라 박락에 대응한 방지성능 및 경관·미관의 확보성능 등을 고려한다.

③ ②에 표시한 성능을 확보하기 위하여 유기계피복의 공통적인 요구성능은 피복공법의 설계내용기간 중 콘크리트와의 일체성과 내구성, 수분을 포함한 유해물질 침투 차단에 관련된 성능을 반드시 보유하여야 한다.

(2) 보수목표에 따른 요구성능

① 탄산화 대책으로 적용하는 경우 피복재 및 시스템에 요구되는 성능은 이산화탄소 투과 차단성과 필요에 따라 내투수성, 균열대응성이 요구된다.

② 염해 대책으로 적용하는 경우 피복재 및 시스템에 요구되는 성능은 염화물이온 침

투 저항성, 산소 투과 차단성 또는 내투수성이 있고 필요에 따라서는 균열대응성, 균열구속성이 요구된다.

③ 동해 대책으로 적용하는 경우 피복재 및 시스템에 요구되는 성능은 내투수성이 있고 필요에 따라 균열대응성이 요구된다.

④ 화학적 침식 대책으로 적용하는 경우 피복재 및 시스템에 요구되는 성능은 화학적 침식 물질에 대한 내구성 및 침투 저지성이 있고 필요에 따라 균열대응성이 요구된다.

⑤ 알칼리골재반응 대책으로 적용하는 경우 피복재 및 시스템에 요구되는 성능은 내투수성, 투습성, 균열대응성이 있고, 필요에 따라 염화물이온 침투 저항성이 요구된다.

⑥ 경관과 미관확보를 위한 요구성능은 균열대응성, 변색에 대한 저항성이 있고 필요에 따라 방오염성, 방균성, 낙서방지성도 요구된다.

⑦ 박락 방지 대책으로 구조물에 적용하는 경우에 요구되는 성능은 피복콘크리트의 압축에 대한 변형대응성과 들뜸 콘크리트의 중량을 지지하는 역학적 성질이 있다.

⑧ 수밀성을 확보하기 위하여 적용되는 경우에 요구되는 성능은 내투수성이 있다.

4.3.1.3 품질기준

(1) 유기계피복재 및 피복시스템 재료의 선정은 사전에 설정한 유기계피복의 요구성능을 만족하여야 한다.

(2) 유기계 피복의 요구성능은 결함, 손상, 열화기구, 열화정도, 조치의 목적, 구조물의 요구성능 또는 병용공법의 유무와 그 종류를 고려하여 설정한다.

(3) 유기계피복에 적용하는 재료의 성능은 기본적으로 표 3의 한국산업규격 KS F 4936에 규정한 것과 같거나, 또는 이와 동등 이상의 것을 사용하여야 한다.

(4) KS F 4936에 규정되지 않은 재료의 성능에 대해서는 이 절차서에서 제시하는 외국규격을 사용할 수 있다.

〈표 3〉 유기계피복재 품질기준(KS F 4936)

품질항목		성능기준
도막 형성 후의 겉모양	표중양생 후	주름, 잔갈림, 핀홀, 변형 및 벗겨짐이 생기지 않을 것
	촉진 내후성 시험 후	
	온·냉 반복시험 후	
	내알칼리성 시험 후	
	내염수성 시험 후	
중성화 깊이(mm)		1.0 이하
염화물 이온 침투 저항성(Coulombs)		1,000 이하
투습도($g/m^2 \cdot day$)		50.0 이하
내투수성		투수되지 않을 것
부착강도(N/mm^2)	표중양생 후	1.0 이상
	촉진 내후성 시험 후	
	온·냉 반복시험 후	
	내알칼리성 시험 후	
	내염수성 시험 후	
균열 대응성	$-20°C$	잔갈림 및 파단되지 않을 것
	$20°C$	
	촉진 내구성 시험 후	

4.3.1.4 시공방법 선정

(1) 유기계피복재의 시공방법은 유기계피복시스템, 구조물의 형상, 시공환경조건 등을 고려하여 선정하도록 한다.

(2) 청소조정공 및 바탕처리공은 유기계피복과 콘크리트와의 일체성이 확보될 수 있는 방법을 선택한다.

4.3.2 무기계피복공법

4.3.2.1 적용범위

콘크리트 교량을 대상으로 구조물의 내구성 향상, 보수, 미관·경관의 확보를 위한 목적으로 하는 무기계피복공법의 설계에 적용한다.

4.3.2.2 요구성능

(1) 일반사항

① 무기계피복이 표면보호할 콘크리트 교량의 요구성능을 확보하기 위하여 피복공법 설계 시 무기계피복의 요구성능을 설정한다.

② 대상 구조물의 열화에 대한 무기계피복재 및 시스템으로 설정되는 요구성능은 탄산화, 염해, 동해, 화학적 침식 등에 대한 방지성능, 알칼리골재반응에 대한 억제성능이 있다. 또한 필요에 따라 박락에 대응한 방지성능 및 경관·미관의 확보성능 등을 고려한다.

③ ②에 표시한 성능을 확보하기 위하여 무기계피복의 공통적인 요구성능은 피복공법의 설계내용기간 중 콘크리트와의 일체성과 내구성, 수분을 포함한 유해물질 침투 차단에 관련된 성능을 반드시 보유하여야 한다.

(2) 보수목표에 따른 요구성능

① 탄산화 대책으로 적용하는 경우 피복재 및 시스템에 요구되는 성능은 이산화탄소 투과 차단성과 필요에 따라 내투수성, 균열대응성이 요구된다.

② 염해 대책으로 적용하는 경우 피복재 및 시스템에 요구되는 성능은 염화물이온 침투 저항성, 산소 투과 차단성 또는 내투수성이 있고 필요에 따라서는 균열대응성, 균열구속성이 요구된다.

③ 동해 대책으로 적용하는 경우 피복재 및 시스템에 요구되는 성능은 내투수성이 있고 필요에 따라 균열대응성이 요구된다.

④ 화학적 침식 대책으로 적용하는 경우 피복재 및 시스템에 요구되는 성능은 화학적 침식 물질에 대한 내구성 및 침투 저지성이 있고 필요에 따라 균열대응성이 요구된다.

⑤ 알칼리골재반응 대책으로 적용하는 경우 피복재 및 시스템에 요구되는 성능은 내투수성, 투습성, 균열대응성이 있고, 필요에 따라 염화물이온 침투 저항성이 요구된다.

⑥ 경관과 미관확보를 위한 요구성능은 균열대응성, 변색에 대한 저항성이 있고 필요에 따라 방오염성, 방균성, 낙서방지성도 요구된다.

⑦ 박락 방지 대책으로 구조물에 적용하는 경우에 요구되는 성능은 피복콘크리트의 압축에 대한 변형대응성과 들뜸 콘크리트의 중량을 지지하는 역학적 성질이 있다.

⑧ 수밀성을 확보하기 위하여 적용되는 경우에 요구되는 성능은 내투수성이 있다.

4.3.2.3 품질기준

(1) 무기계피복재 및 피복시스템 재료의 선정은 사전에 설정한 무기계피복의 요구성능을 만족하여야 한다.

(2) 무기계 피복의 요구성능은 결함, 손상, 열화기구, 열화정도, 조치의 목적, 구조물의 요구성능 또는 병용공법의 유무와 그 종류를 고려하여 설정한다.

(3) 무기계피복에 적용하는 재료의 성능은 기본적으로 표 4의 한국산업규격 KS F 4936에 규정한 것과 같거나, 또는 이와 동등 이상의 것을 사용하여야 한다.

(4) KS F 4936에 규정되지 않은 재료의 성능에 대해서는 이 절차서에서 제시하는 외국규격을 사용할 수 있다.

〈표 4〉 무기계피복재 품질기준(KS F 4936)

품질항목		성능기준
도막 형성 후의 겉모양	표중양생 후	주름, 잔갈림, 핀홀, 변형 및 벗겨짐이 생기지 않을 것
	촉진 내후성 시험 후	
	온·냉 반복시험 후	
	내알칼리성 시험 후	
	내염수성 시험 후	
중성화 깊이(mm)		1.0 이하
염화물 이온 침투 저항성(Coulombs)		1,000 이하
투습도($g/m^2 \cdot day$)		50.0 이하
내투수성		투수되지 않을 것
부착강도(N/mm^2)	표중양생 후	1.0 이상
	촉진 내후성 시험 후	
	온·냉 반복시험 후	
	내알칼리성 시험 후	
	내염수성 시험 후	
균열 대응성	$-20°C$	잔갈림 및 파단되지 않을 것
	$20°C$	
	촉진 내구성 시험 후	

4.3.2.4 시공방법 선정

(1) 무기계피복재의 시공방법은 피복재 및 시스템의 종류, 구조물의 형상, 시공환경조건 등을 고려하여 선정하도록 한다.

(2) 청소조정공 및 바탕처리공은 무기계피복재와 콘크리트와의 일체성이 확보될 수 있는 방법을 선택한다.

4.3.3 표면함침공법

4.3.3.1 적용범위

콘크리트 교량을 대상으로 구조물의 내구성 향상, 보수, 미관·경관의 확보를 위한 목적으로 표면함침재에 의해 콘크리트 표층부를 개질하는 표면함침공법의 설계에 적용한다.

4.3.3.2 요구성능

(1) 일반사항

① 표면함침공법은 정해진 효과를 발휘하는 표면함침재를 콘크리트 표면부터 함침시켜 콘크리트 표층부의 조직을 개질하여 콘크리트 표층부에 특수기능을 부여하는 것으로 부재를 보호하고 콘크리트 구조물의 내구성을 향상시키는 공법이다.

② 표면함침공에는 콘크리트 표면의 외관에 변화를 주지 않고 콘크리트 표층부의 정해진 깊이까지 함침된 성능을 발휘하는 표면함침재를 이용한다.

③ 적용대상별 요구성능을 확보하기 위하여 표면함침공법에 사용되는 재료는 기본적으로 콘크리트와의 일체성과 내구성, 수분을 포함한 유해물질 침투 차단에 관련된 성능을 반드시 보유하여야 한다.

(2) 보수목표에 따른 요구성능

① 탄산화 대책으로 적용하는 경우 표면함침공에 요구되는 성능은 이산화탄소 투과 차단성 또는 알칼리성을 부여하고, 필요에 따라 투수 또는 흡수차단성, 산소 투과 차단성이 요구된다.

② 염해 대책으로 표면함침공을 적용하는 경우에 요구되는 성능은 콘크리트 표층부에

염화물이온 침투 저항성, 산소 차단성, 투수 및 흡수 차단성을 부여하고 표면함침공을 적용함에 있어 콘크리트의 수증기 투과성이 방해 받지 않는 것이 요구된다.

③ 동해 대책으로 표면함침공을 적용하는 경우에 요구되는 성능은 콘크리트 표층부에 투수 및 흡수 차단성을 부여하고 표면함침공을 적용하는 것에 의하여 콘크리트의 수증기 투과성이 방해받지 않는 것이 요구된다. 또한 필요에 따라 염화물 이온 침투 저항성이 요구된다.

④ 알칼리골재반응 대책으로 표면함침공을 적용하는 경우에 요구되는 성능은 콘크리트 표층부에 투수 및 흡수 차단성을 부여하고 표면함침공을 적용할 때 콘크리트의 수증기 투과성이 방해받지 않는 것이 요구된다.

⑤ 미관·경관 대책으로 표면함침공을 적용하는 경우에 요구되는 성능은 콘크리트 표층부에 투수 및 흡수 차단성을 부여하고 표면함침공을 적용할 때 콘크리트의 수증기 투과성이 방해받지 않는 것이 요구된다.

⑥ 방수 목적으로 표면함침공을 적용하는 경우에 요구되는 성능은 콘크리트 표층부에 투수 및 흡수 차단성이 요구된다.

⑦ 콘크리트 표층의 고화를 목적으로 표면함침공을 적용하는 경우에 요구되는 성능은 콘크리트 표층부를 밀실화하여 강도를 부여하는 것이 요구된다.

4.3.3.3 품질기준

(1) 선정된 표면함침공법에 대하여 기대되는 효과가 발휘되도록 그 사양을 결정한다.

(2) 콘크리트 구체보호를 목적으로 사용되는 표면함침채는 표 5의 한국산업규격 KS F 4930에 규정한 것과 같거나, 또는 이와 동등 이상의 것을 사용하여야 한다.

(3) KS F 4930에 규정되지 않은 재료의 성능에 대해서는 이 절차서에서 제시하는 외국규격을 사용할 수 있다.

〈표 5〉 표면함침재 품질기준(KS F 4930)

품질항목		성능기준		적용 시험항목
		유기질계	무기질계	
침투깊이		20.0mm 이상	–	–
내흡수 성능	표준상태	물흡수 계수비 0.10 이하	물흡수 계수비 0.50 이하	–
	내알칼리성 시험 후			
	저온·고온 반복 저항성 시험 후			
	촉진 내후성 시험 후	물흡수 계수비 0.20 이하		
내투수성능		투수비 0.10 이하		–
염화물 이온 침투 저항성		3.0mm 이하		–
용출 저항 성능	냄새와 맛	이상 없을 것		–
	탁도	2도 이하		
	색도	5도 이하		
	중금속(P_b로서)	0.1mg/L 이하		
	과망간산칼륨 소비량	10mg/L 이하		
	pH	5.8에서 8.6		
	페놀	0.005mg/L 이하		
	증발 잔류분	30mg/L 이하		
	잔류 염소의 감량	0.2mg/L 이하		
인화점		80℃ 이하에서 불꽃이 발생하지 않을 것		KS M 2010

4.3.3.4 시공방법 선정

(1) 표면함침공법의 종류, 구조물의 형상, 시공환경조건 등을 고려하고 결정된 보수설계목표가 얻어지도록 시공방법을 선정한다.

(2) 전처리가 필요한 경우에는 표면함침공법에 나쁜 영향을 미치지 않는 방법을 선정한다.

4.4 콘크리트 구체복원공법 재료 품질기준

4.4.1 일반

(1) 콘크리트 구체복원은 콘크리트 부분이 충격 등에 의해 유실되거나 이미 열화된 부위를 제거한 후 성능 저하를 회복하는 공법이다.

(2) 구체복원공법에는 미장공법, 숏크리트공법 및 충전공법이 있다.

(3) 구체복원공법에 사용되는 재료로는 모르타르, 시멘트 등이 있다.

(4) 구체복원공법 재료는 다음과 같은 성능이 가장 중요하게 확보되어야 한다.

　① 구체복원 재료의 시간의존적 성능

　② 구체복원 재료의 일체화 성능

4.4.2 적용범위

(1) 콘크리트 교량의 내구성 향상, 열화 억제 또는 보수를 목적으로 구조물의 상태변화가 현저한 부분, 염화물이온 등의 열화요인이 허용한도를 초과하여 존재하고 있는 부분 등을 제거한 후 구체복원재를 이용하여 당초의 성능 및 형상치수로 복원하는 구체복원 공법의 설계에 대하여 적용한다.

(2) 구체복원공법을 단독 또는 단면복구공법과 표면피복공법을 병용한 경우에 대하여 적용한다.

4.4.3 사용재료

(1) 구체복원공법에 사용하는 구체복원재는 시멘트 모르타르, 폴리머 시멘트 모르타르 및 폴리머 모르타르 등이 있으며 선정에 있어서는 각 단면복구재의 특징을 고려하여 결정한다.

(2) 시멘트 모르타르 : 구체복원공법에 사용하고 있는 시멘트 모르타르는 시멘트, 혼화재, 골재, 화학혼화제 등으로 구성된다. 시멘트 모르타르는 품질의 안정화, 균일성, 사용성 향상을 목적으로 기배합(프리믹스)된 것을 사용할 수 있다.

(3) 폴리머 시멘트 모르타르 : 구체복원공법에 사용되는 폴리머 시멘트 모르타르는 시멘트 모르타르에 시멘트 혼화용 폴리머와 재유화형분말수지로 구성된다. 폴리머 시멘트 모르타르는 품질의 안정화, 균질성, 사용성의 향상을 목적으로 기배합(프리믹스)된 것을 사용할 수 있다.

(4) 폴리머 모르타르 : 구체복원공법에 사용하는 폴리머 모르타르는 액상수지(폴리머), 골재 및 충전재로 구성된다. 폴리머 모르타르는 품질의 안정화, 균질성, 사용성 향상을 목적으로 기배합(프리믹스)된 것을 사용할 수 있다.

(5) 사용재료는 한국산업규격에 규정된 재료를 적용하는 것을 표준으로 하되, 한국산업규격에 규격, 시험방법, 품질기준 등이 없는 재료를 적용하는 경우 감독자와 협의하여 외국규격의 적합한 실험으로 동등 이상의 성능이 검증된 재료를 적용할 수 있다.

4.4.4 콘크리트 구체복원공법 재료 요구성능 및 품질기준

4.4.4.1 일반사항

(1) 콘크리트 교량에 구체복원공법을 적용하는 경우에는 구조물에 요구되는 성능을 명확히 한다.
(2) 적용대상별 요구성능을 고려하여 구체복원재를 선정한다.

4.4.4.2 보수 목표에 따른 요구성능

(1) 역학적 성능
① 구체복원공법의 역학적 성능은 구체복원공법이 적용되는 콘크리트 교량의 역학적 성능과 기존 콘크리트와 구체복원재와의 일체성을 고려하여 설정한다.
② 구체복원공법의 역학적 성능은 주로 압축강도와 부착강도로 설정하며 그 외의 역학적 성능이 요구되는 경우에는 발주처와 협의하여 설정한다.

(2) 균열저항성
① 구체복원공법은 구체복원공법이 적용되는 교량의 공용기간 중 유해한 균열의 발생에 대한 저항성을 가져야 한다.
② 균열저항성은 일반적으로는 구체복원공법의 치수안정성에 따라 설정한다.

(3) 내구성
① 구체복원공법의 내구성은 구체복원공법이 적용되는 교량의 내구성능을 고려하여 설정한다.
② 내구성에 관한 요구성능은 탄산화에 대한 저항성, 염화물이온의 침입에 대한 저항성, 동결융해에 대한 저항성, 화학적 침식에 대한 저항성 등이 있으며 구체복원공법이 적용된 구조물의 설치된 환경과 부위 등을 고려하여 설정한다.

(4) 박락저항성

적용되는 구체복원공법 또는 일부의 박락에 의해 사람이나 기물에 손해를 일으키는 등의 추가피해위험이 현저한 구조물에는 단면복구 공법의 박락저항성을 설정한다.

(5) 미관·경관에 관한 성능

구체복원공법이 적용되는 콘크리트 구조물에 미관·경관이 요구되는 경우에는 구체복원공법에 의해 구조물의 미관·경관을 해치치 않도록 설정한다.

4.4.4.3 품질기준

(1) 구체복원재는 폴리머 시멘트 모르타르, 에폭시 수지 모르타르 등이 있으며 구체복원재의 선정에서는 구체복원공법의 요구성능 및 수준을 만족하도록 한다.

(2) 구체복원을 위해 사용하는 재료는 종류에 따라 KS F 4042 및 KS F 4043을 나타낸 표 6～표 7의 품질기준을 만족하거나 동등 이상의 성능을 가져야 한다.

(3) 국내에 없는 구체복원재료의 일체화 관련 성능에 대해서는 국외의 기준을 준용하여야 하며 표 8의 품질기준을 만족하거나 동등 이상의 성능을 가져야 한다.

〈표 6〉 폴리머 시멘트 모르타르 품질기준(KS F 4042)

시험항목		품질기준
시멘트 혼화용 폴리머의 고형분(%)		표시값 ±1% 이내
휨강도(MPa)		6.0 이상
압축강도(MPa)		20.0 이상
부착강도(MPa)	표준조건	1.0 이상
	온냉 반복 후	1.0 이상
내알칼리성		압축강도 20.0MPa 이상
중성화 저항성(mm)		2.0 이하
투수량(g)		20 이하
물 흡수 계수(kg/($m^2h^{0.5}$))		0.5 이하
습기투과저항성(S_d)		2m 이하
염화물 이온 침투 저항성(Coulombs)		1,000 이하
길이변화율(%)		±0.15 이내

〈표 7〉 에폭시 수지계 모르타르 품질기준(KS F 4043)

품질항목		성능기준
작업 가능 시간(분)		표시값 ±20% 이내
휨강도(MPa)		10.0 이상
압축강도(MPa)	표준	40.0 이상
	알칼리 침지 후	
내알칼리성	60°C	1.5 이상
	20°C	
	5°C	
	온·냉 반복 후	
투수량(g)		0.5 이하
염화물 이온 침투저항성(Coulombs)		1,000 이하
길이변화율(%)		±0.15 이하

〈표 8〉 구체복원재료 일체화 관련 성능 품질기준

품질항목	성능기준
열팽창계수(ASTM C531)	일반적 성능 0.000025/°C
건조수축(ASTM C596)	0.10% 이하
구속팽창(ASTM C806)	일반적 성능 0.06%

4.4.4.4 시공방법 선정

구체복원공법은 미장공법, 충전공법 및 숏크리트공법의 3가지로 분류되며 복원의 대상이 되는 단면의 상황, 부위, 범위 및 규모, 시공조건 등을 고려하여 구체복원공법의 요구성능을 만족하도록 선정한다.

4.5 콘크리트 균열보수공법 재료 품질기준

4.5.1 일반

(1) 콘크리트 균열보수는 균열부에 보수 재료 주입을 통해 구조물의 강성복원 및 균열부 완전 충전을 목적으로 하는 공법이다.

(2) 균열보수공법은 균열피복공법, 균열주입공법, 균열충전공법으로 분류한다.

해설

아래 표와 같이 균열 현상과 원인에 따라 적절한 보수공법을 선택하여 적용한다.

〈표〉 균열현상과 원인에 따른 보수공법(한국시설안전공단, 2011)

보수 목적	균열현상·원인		균열폭(mm)	보수 공법				
				표면 피복 공법	주입 공법	충전 공법	그 밖의 공법	
							침투성 방수재 도포 공법	기타
방수성	철근부식이 되지 않은 경우	균열폭 변동이 작은 경우	0.2 이하	○	△		○	
			0.2~1	△	○	○		
		균열폭 변동이 큰 경우	0.2 이하	△	△		○	
			0.2~1					
내구성	철근부식이 되지 않은 경우	균열폭 변동이 작은 경우	0.2 이하					
			0.2~1	△	○	○		
			1 이상		△	○		
		균열폭 변동이 큰 경우	0.2 이하	△	△	△		
			0.2~1	△	○	○		
			1 이상		△	○		
	철근 부식					○		
	염해							●
	반응성 골재							●

○ : 적당하다고 생각되는 공법
△ : 조건에 따라서는 적당하다고 생각되는 공법
● : 연구단계에 있는 공법

(3) 균열보수공법의 사용재료로는 주입용 에폭시, 표면처리용 우레탄 등이 있다.

(4) 균열보수공법 재료는 다음과 같은 성능이 가장 중요하게 확보되어야 한다.

    ① 균열보수 재료의 시간의존적 성능

    ② 균열보수 재료의 일체화 성능

    ③ 균열보수 재료의 연성, 강성 등에 따른 성능

4.5.2 적용범위

(1) 기존 또는 신설 콘크리트 교량의 구조물에 균열이 발생했을 경우에 균열보수를 목적으로 하는 균열보수공법의 설계에 적용한다.

(2) 콘크리트 균열보수공법은 다음과 같은 적용범위를 가지고 적절한 보수공법 선정과 설계가 이루어져야 한다.

    ① 침투에 대한 보호

    ② 구조적 강화

4.5.3 콘크리트 균열보수공법 재료 요구성능 및 품질기준

4.5.3.1 일반사항

콘크리트 교량에 요구되는 성능을 균열보수공법으로 확보하기 위하여 균열보수에 요구되는 성능을 명확히 하여야 한다.

4.5.3.2 보수 목표에 따른 요구성능

(1) 철근부식의 사전예방을 위한 대책으로 요구되는 성능은 철근부식을 일으키는 탄산화 및 염해의 주요인자인 이산화탄소, 염소이온의 차단성이 요구된다.

(2) 철근이 부식되어 있는 경우에 요구되는 성능은 기존에 발생된 녹 제거 및 방청처리 등의 방청성이 요구된다.

(3) 수밀성을 확보하기 위하여 적용되는 경우에 요구되는 성능은 내투수성이 있다.

(4) 경관과 미관 확보를 위하여 적용되는 경우에는 균열로부터 녹물이 새어나오거나 백태에 의한 미관손상을 방지하기 위한 내투수성, 균열대응성이 요구된다.

(5) 균열보수재료의 시간의존적성능을 확보하기 위하여 요구되는 성능은 경화수축률, 가열변화가 요구된다.

(6) 균열보수재료의 일체화성능을 확보하기 위해서는 부착강도, 압축강도, 인장강도, 인장 파괴 시 신장률이 요구된다.

(7) 균열보수재료의 연성, 강성 등에 따른 성능을 확보하기 위해서는 탄성계수가 요구된다.

4.5.3.3 품질기준

(1) 균열보수재는 유기계재료, 폴리머 시멘트계재료, 시멘트계재료로 분류되며 피복공법, 주입공법 그리고 충전공법 등 미리 설정한 균열에 대한 요구성능 및 그 수준을 고려하여 재료를 선정하여야 한다.

(2) 균열보수를 위해 사용하는 잴의 종류에 따라 한국산업규격 또는 이 절에서 규정하고 있는 품질기준을 만족하여야 한다. 에폭시 수지계 주입재는 경화물의 인장파괴 시의 신장, 점성에 따라 구분하며 한국산업규격 KS F 4923을 적용한 표 9~10을, 고무계, 실리콘계, 우레탄계를 사용한 실링재는 KS F 4935인 표 11을, 균열보수공법에 사용하는 퍼티에 관해서는 KS M 5713인 표 12의 기준을 만족하여야 한다.

(3) 국내에 없는 균열보수재료의 일체화 관련 성능에 대해서는 국외의 기준을 준용하여야 하며 표 13의 품질기준을 만족하거나 동등 이상의 성능을 가져야 한다.

〈표 9〉 균열보수용 에폭시 품질기준(경질형) (KS F 4923)

품질항목		시험조건	저점도형		중점도형		고점도형	
			일반용	겨울용	일반용	겨울용	일반용	겨울용
점성	점도(MPa·s)	23±0.5℃	100~1,000		5,000~20,000		–	
	틱소트로픽 인덱스	23±0.5℃	–		5±1		–	
	슬럼프(mm)	15±2℃	–		–		–	5 이하
		30±2℃	–		–		–	–
접착강도(N/mm²)	표준조건		6.0 이상		6.0 이상		6.0 이상	
	특수조건	저온 시	–	3.0 이상				
		습윤 시	3.0 이상		3.0 이상		3.0 이상	
		건조 반복 시	3.0 이상		3.0 이상		3.0 이상	

〈표 9〉 균열보수용 에폭시 품질기준(경질형) (KS F 4923) (계속)

품질항목		시험조건	저점도형		중점도형		고점도형	
			일반용	겨울용	일반용	겨울용	일반용	겨울용
경화수축률(%)		표준조건	3 이하		3 이하		3 이하	
가열변화	질량변화율(%)	–	5 이하		5 이하		5 이하	
	부피변화율(%)	–	5 이하		5 이하		5 이하	
인장강도(N/mm²)		표준조건	15 이상		15 이상		15 이상	
인장파괴 시 신장률(%)		표준조건	10 이하		10 이하		10 이하	
압축강도(N/mm²)		표준조건					50 이상	

〈표 10〉 균열보수용 에폭시 품질기준(연질형) (KS F 4923)

품질항목		시험조건		저점도형		중점도형		고점도형	
				일반용	겨울용	일반용	겨울용	일반용	겨울용
점성	점도(MPa·s)	23±0.5°C		100~1,000		5,000~20,000		–	
	틱소트로픽 인덱스	23±0.5°C		–		5±1		–	
	슬럼프(mm)	15±2°C		–		–		–	5 이하
		30±2°C		–		–		–	
접착강도(N/mm²)		표준조건		3.0 이상		3.0 이상		3.0 이상	
		특수조건	저온 시	–	1.5 이상		1.5 이상		1.5 이상
			습윤 시	1.5 이상		1.5 이상		1.5 이상	
			건조 반복 시	1.5 이상		1.5 이상		1.5 이상	
경화수축률(%)		표준조건		3 이하		3 이하		3 이하	
가열변화	질량변화율(%)	–		5 이하		5 이하		5 이하	
	부피변화율(%)	–		5 이하		5 이하		5 이하	
인장강도(N/mm²)		표준조건		1.0 이상		1.0 이상		1.0 이상	
		저온 시		1.0 이상		1.0 이상		1.0 이상	
		가열변화 시		1.0 이상		1.0 이상		1.0 이상	
인장파괴 시 신장률(%)		표준조건		50 이상		50 이상		50 이상	
		저온 시		50 이상		50 이상		50 이상	
		가열변화 시		50 이상		50 이상		50 이상	

〈표 11〉 주입형 실링재 품질기준

품질항목			성능기준
투수 저항 성능			투수되지 않을 것
습윤면 부착 성능			60초 이내에 시험체 밑판이 탈락하지 않을 것
구조물 거동 대응 성능			투수되지 않을 것
수중 유실 저항 성능			중량 변화율 −0.1% 이내일 것
내화학 성능	산 처리	황산	중량 변화율 −0.1% 이내일 것
		염산	
		질산	
	염화나트륨 처리		
	알칼리 처리		
온도 의존 성능(내열/내한성)			투수되지 않을 것

〈표 12〉 퍼티 품질기준

품질항목	성능기준
용기 내에서의 상태(주제)	굳은 덩어리가 없고 저었을 때 균일한 상태로 되어야 함
혼합성	균일하게 혼합하기 쉬울 것
가사시간((20±1)°C, 분)	3 이상
작업성	주걱으로 도장하는 데 지장이 없을 것
건조시간((20±1)°C, 시간)	5 이내
도막의 상태	견본품과 비교해서 색상 차이가 적고, 구멍, 줄무늬, 부풂이 현저하지 않고, 갈라짐이 인지되지 않을 것
연마 용이성	공연마할 때 연마가 쉬울 것
상도 적합성	견본품과 비교해도 상도 도장 시 지장이 없을 것
내충격성	50cm 높이에서 낙하시킨 추의 충격으로 갈라지거나 벗겨지지 않을 것

〈표 13〉 균열보수재료 일체화 관련 성능 품질기준(ASTM D638)

품질항목	성능기준
탄성계수	2.1~3.4GPa

4.5.3.4 시공방법 선정

균열보수공법은 균열피복공법, 균열주입공법 그리고 균열충전공법으로 분류되며 균열보수의 요구성능 및 수준은 결함, 손상, 열화기구, 열화 정도, 조치의 목적, 구조물의 요구성능 또는 병용공법의 유무와 그 종류를 고려하여 균열보수공의 요구성능을 만족하도록 선정한다.

| 제5장 | 보수목적별 보수공법 재료 시험방법 |

5.1 일반사항

5.1.1 적용범위

(1) 보수범위에 맞는 공법이 선정되었으면 그 공법에 대하여 기대되는 효과가 발휘되는 재료를 사용한다.

(2) 이 장에서는 대표 보수공법별로 사용되는 재료가 필수적으로 보유해야 하는 성능에 대한 시험방법을 나타내고 있다.

5.1.2 참조규격

KS F 2423	콘크리트의 쪼갬인장강도 시험방법
KS F 2456	급속 동결 융해에 대한 콘크리트의 저항 시험방법
KS F 2584	콘크리트의 촉진 탄산화 시험방법
KS F 2596	콘크리트의 탄산화 깊이 측정방법
KS F 2711	전기전도도에 의한 콘크리트의 염소이온 침투 저항성 시험방법
KS M 3015	열 경화성 플라스틱 일반 시험 방법
KS F 4042	콘크리트 구조물 보수용 폴리머 시멘트 모르타르
KS F 4043	콘크리트 구조물 보수용 에폭시 수지 모르타르
KS F 4923	콘크리트 구조물 보수용 에폭시 수지
KS F 4929	세라믹 메탈 함유 수지계 방수·방식재
KS F 4930	콘크리트 표면 도포형 액상형 흡수방지재
KS F 4936	콘크리트 보호용 도막재

ASTM C 531   Standard Test Method for Linear Shrinkage and Coefficient of Thermal Expansion of Chemical−Resistant Mortars, Grouts, Monolithic Surfacings, and Polymer Concrete

ASTM C 1202   Standard Test Method for Electrical Indication of Concrete's Ability to Resist Chloride Ion Penetrationl

ASTM C 469   Standard Test Method for Static Modulus of Elasticity and Poisson's Ratio of Concrete in Compression

ASTM D 638   Standard Test Method for Tensile Properties of Plastics

ASTM D 695   Standard Test Method for Compressive Properties of Rigid Plastics

ASTM D 790   Standard Test Methods for Flexural Properties of Unreinforced and Reinforced Plastics and Electrical Insulating Materials

ASTM C 496   Standard Test Method for Splitting Tensile Strength of Cylindrical Concrete Specimens

ASTM C 157   Standard Test Method for Length Change of Hardened Hydraulic−Cement Mortar and Concrete

ASTM C1404/C1404M   Standard Test Method for Bond Strength of Adhesive Systems Used with Concrete as Measured by Direct Tension

ASTM C39/C39M   Standard Test Method for Compressive Strength of Cylindrical Concrete Specimens

ASTM C 348   Standard Test Method for Flexural Strength of Hydraulic−Cement Mortars

ASTM C 666   Standard Test Method for Resistance of Concrete to Rapid Freezing and Thawing

5.2 콘크리트 구체보호공법 재료 시험방법

5.2.1 구체보호공법 재료 시험 원칙

구체보호공법에 사용되는 재료의 시험방법에 대해서는 한국산업규격에 따르며, 이와 관련된 국내규격이 없는 경우에는 외국규격을 적용할 수 있다.

5.2.2 구체보호공법 재료 시험방법

(1) 콘크리트 구체보호공법은 다음과 같은 적용범위를 가지고 적절한 보수공법 선정과 설계가 이루어져야 한다.
 ① 침투에 대한 보호
 ② 수분조질
 ③ 화학반응에 대한 저항
(2) 구체보호공법 재료가 위와 같은 성능을 확보하기 위해서는 기존 국내 규격인 KS F 4936 및 KS F 4930의 품질기준 이외에도 동결융해 저항성 등의 품질기준을 만족하거나 동등 이상의 성능을 가져야 한다.

5.2.2.1 탄산화 깊이

탄산화 깊이 시험은 재료의 종류에 따라 KS F 4936의 시험방법을 준용하며 이 기준의 품질기준을 만족하거나 동등 이상의 성능을 가져야 한다.

해설

시험개요

촉진탄산화 시험은 KS F 2584(콘크리트의 촉진 탄산화 시험방법)과 KS F 2596(콘크리트 탄산화 깊이 측정방법)을 준용하여 온도 20℃, RH 60%, CO_2 농도 5%의 조건의 CO_2 항온항습기 안에 넣은 후 페놀프탈레인 1% 분무 시험 후 색 변화의 깊이를 재령 1주, 4주, 13주일에 측정한다.

〈그림〉 촉진탄산화 챔버 및 페놀프탈레인 1% 분무 모습

5.2.2.2 염화물 이온 침투저항성

염화물 이온 침투저항성 시험은 재료의 종류에 따라 KS F 4936 및 KS F 4930의 시험방법을 준용하며 이 기준의 품질기준을 만족하거나 동등 이상의 성능을 가져야 한다.

해설

시험개요

염화물이온 침투저항성 시험은 KS F 2711(전기전도도에 의한 콘크리트의 염소이온 침투 저항성 시험방법)을 준용하여 온도 20℃, RH 60%, 0.3M의 NaOH 수용액을 양극으로, 3% NaCl 수용액을 음극으로 하여 60V의 전압을 가하였을 때 0.2Ω의 저항에 걸리는 전류와 확산 셀 내부의 온도를 6시간 동안 측정하고 염화물이온의 침투깊이는 시험이 종료한 후 시험편을 할렬하여 0.1N AgNO₃를 분무하였을 때 변색되는 부위를 버니어캘리퍼스를 사용하여 측정한다.

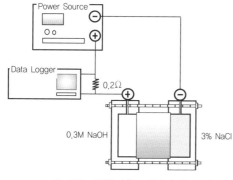

〈그림〉 염화이온 시험기기 모식도 및 전기전도도에 의한 염화물 시험모습

5.2.2.3 동결융해 저항성

동결융해 저항성 시험은 KS F 2456의 시험방법을 준용하며 이 기준의 품질기준을 만족하거나 동등 이상의 성능을 가져야 한다.

해설

시험방법

동결융해 저항성 시험은 KS F 2456(급속 동결 융해에 대한 콘크리트의 저항 시험방법, ※∅ 100×200mm 시험체로 제작하여 콘크리트 시험규격을 준용하여 실시)과 ASTM C 666(Standard Test Method for Resistance of Concrete to Rapid Freezing and Thawing, ※∅ 100×200mm 시험체로 제작하여 콘크리트 시험규격을 준용하여 실시)을 준용하여 공기 중에서 동결하고 수중에서 융해하는 시험방법으로 4시간 동안 온도범위 −18℃~+4℃로 동결 융해 하는 것을 1 싸이클로 하여 0, 100, 200, 300 싸이클 동안 시험하고, 공명 진동에 의한 콘크리트의 동 탄성계수 및 동 푸아송비의 시험방법에 따라서 상대동탄성계수 및 내구성지수를 계산한다.

상대 동 탄성계수는 아래와 같이 계산한다.

$$P_c = \left[\frac{n_c^2}{n_0^2}\right] \times 100$$

여기서, P_c : 동결융해 C 싸이클 후의 상대 동 탄성계수(%)

n_c : 동결융해 0 싸이클에서의 변형 진동의 1차 공명 진동수(Hz)

n_0 : 동결융해 C 싸이클 후의 변형 진동의 1차 공명 진동수(Hz)

$$DF = \frac{PN}{M}$$

여기서, DF : 시험용 공시체의 내구성 지수

P : N 싸이클에서의 상대 동 탄성 계수(%)

N : 상대 동 탄성 계수가 60%가 되는 싸이클 수 또는 동결융해에 노출이 끝나게 되는 순간의 싸이클 수

M : 동결융해에의 노출이 끝날 때의 싸이클 수

〈그림〉 동결융해 저항성 시험장치 및 시험체 모습

〈그림〉 동결융해 저항성 시험장치 및 동 탄성계수 측정 모습

5.3 콘크리트 구체복원공법 재료 시험방법

5.3.1 구체복원공법 재료 시험 원칙

구체복원공법에 사용되는 재료의 시험방법에 대해서는 한국산업규격에 따르며, 이와 관련된 국내규격이 없는 경우에는 외국규격을 적용할 수 있다.

5.3.2 구체복원공법 재료 시험방법

(1) 구체복원공법 재료는 다음과 같은 성능이 가장 중요하게 확보되어야 한다.

① 구체복원 재료의 시간의존적 성능

② 구체복원 재료의 일체화 성능

(2) 구체복원공법 재료가 위와 같은 성능을 확보하기 위해서는 기존 국내 규격인 KS F 4042 및 KS F 4043의 품질기준 이외에도 건조수축, 구속팽창, 열팽창계수의 품질기준을 만족하거나 동등 이상의 성능을 가져야 한다.

5.3.2.1 휨강도

휨강도 시험은 재료의 종류에 따라 KS F 4042 및 KS F 4043의 시험방법을 준용하며 이 기준의 품질기준을 만족하거나 동등 이상의 성능을 가져야 한다.

해설

시험개요

보수모르타르의 휨강도 시험은 KS F 4042(콘크리트 구조물 보수용 폴리머 시멘트 모르타르; 휨강도 시험)를 따른다.

휨강도 시험편은 제조된 시료를 40×40×160mm 몰드에 천천히 부어 온도 20±2℃, 습도 65±10%에서 양생을 실시한다. 시료를 몰드 안에 부은 후 24시간 경과 후 탈형하고 재령 28일에 휨강노를 측정한다.

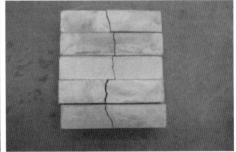

〈그림〉 휨강도 시험 모습 및 시험체 모습

5.3.2.2 압축강도

압축강도 시험은 재료의 종류에 따라 KS F 4042 및 KS F 4043의 시험방법을 준용하며 이 기준의 품질기준을 만족하거나 동등 이상의 성능을 가져야 한다.

시험개요

보수모르타르의 압축강도 시험은 KS F 4042(콘크리트 구조물 보수용 폴리머 시멘트 모르타르; 압축강도 시험)를 따른다.

압축강도 시험편은 휨강도 시험 후의 시험체로 각 해당 시험규격을 준용하여 제조된 시료를 40mm×40mm×160mm 몰드에 천천히 부어 온도 20±2℃, 습도 65±10%에서 양생을 실시한다. 시료를 몰드 안에 부은 후 24시간 경과 후 탈형하고 재령 28일에 압축강도를 측정한다.

〈그림〉 압축강도 시험 모습 및 시험체 모습

5.3.2.3 압축강도

부착강도 시험은 재료의 종류에 따라 KS F 4042 및 KS F 4043의 시험방법을 준용하며 이 기준의 품질기준을 만족하거나 동등 이상의 성능을 가져야 한다.

해설

시험개요

보수모르타르의 부착강도 시험은 KS F 4042(콘크리트 구조물 보수용 폴리머 시멘트 모르타르; 부착강도 시험)을 따른다.

부착강도 시험은 아래 그림에 나타낸 시험용 밑판을 연마한 후 안쪽치수 40mm× 40mm×10mm의 금속제 또는 합성 수지제 형틀을 넣고 시료를 형틀과 동일한 높이까지 채워 성형한다. 그 후 20±2℃, 습도 65±10%에서 양생하고, 성형 후 24시간 경과한 후에 탈형하여 다시 재령 28일까지 양생시킨 것을 부착강도 시험체로 한다.

정해진 양생이 끝난 시험체를 양생실 내에 수평하고 놓고 시료 도포면에 접착제를 바른 후, 아래 그림에 나타낸 상부 인장용 지그(강철제)를 가만히 올려놓고 가볍게 문질러 접착시킨 후, 하부 인장용 지그(강철제) 및 강철제 받침판을 사용해서, 시료면에 대해 수직 방향으로 인장력을 가해 최대 인장하중을 구한다.

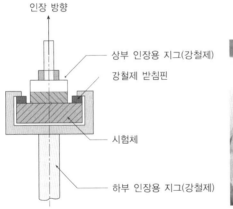

〈그림〉 부착강도 시험체 조립도(KS규격) 및 부착강도 시험모습

〈그림〉 부착강도 시험모습 및 시험체 모습(ASTM)

5.3.2.4 길이변화율

길이변화율 시험은 재료의 종류에 따라 KS F 4042 및 KS F 4043의 시험방법을 준용하며 이 기준의 품질기준을 만족하거나 동등 이상의 성능을 가져야 한다.

해설

시험개요

길이변화율은 KS F 4042(콘크리트 구조물 보수용 폴리머시멘트 모르타르; 길이변화율)을 준용하며, 시험체의 길이 측정에 앞서 각선기로 젖빛유리에 선을 그은 후 시험체의 받침대에 표준자를 놓고 현미경에 기준을 정하고, 받침대에 젖빛유리가 위로가게 올려놓고 길이를 측정한다. 측정은 탈형 후 즉시 제1회 째를 측정한 후 재령 7일 때 측정시점을 기준으로 하고 재령 28일에 측정한다. 길이변화율은 다음 식으로 계산한다.

$$길이변화율(\%) = \frac{(X_{01} - X_{02}) - (X_{i1} - X_{i2})}{L_0}$$

여기서, L_0 : 기준길이

$X_{01,}\,X_{02}$: 각각 기준으로 한 시점에서의 측정치

$X_{i1,}\,X_{i2}$: 각각 시점 i에서의 측정치

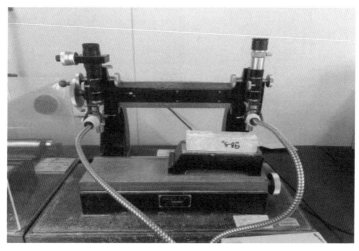

〈그림〉 길이변화 측정시험

5.3.2.5 염화물이온 침투저항성

염화물이온 침투저항성 시험은 재료의 종류에 따라 KS F 4042 및 KS F 4043의 시험방법을 준용하며 이 기준의 품질기준을 만족하거나 동등 이상의 성능을 가져야 한다.

해설

시험개요

염화물이온 침투저항성 시험은 KS F 2711(전기전도도에 의한 콘크리트의 염소이온 침투저항성 시험방법)을 준용하여 온도 20℃, RH 60%, 0.3M의 NaOH 수용액을 양극으로, 3% NaCl 수용액을 음극으로 하여 60V의 전압을 가하였을 때 0.2Ω의 저항에 걸리는 전류와 확산셀 내부의 온도를 6시간 동안 측정하고 염화물이온의 침투깊이는 시험이 종료한 후 시험편을 할렬하여 0.1N AgNO₃를 분무하였을 때 변색되는 부위를 버니어캘리퍼스를 사용하여 측정한다.

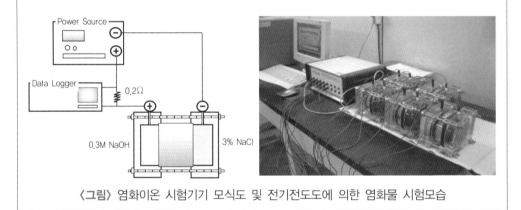

〈그림〉 염화이온 시험기기 모식도 및 전기전도도에 의한 염화물 시험모습

5.3.2.6 쪼갬인장강도

쪼갬인장강도 시험은 KS F 2423의 시험방법을 준용하며 이 기준의 품질기준을 만족하거나 동등 이상의 성능을 가져야 한다.

시험개요

쪼갬인장강도 시험은 KS F 2423(콘크리트의 쪼갬인장강도 시험방법)을 따른다.

$$쪼갬인장강도 = \frac{2P}{\pi dl}$$

여기서, P : 최대하중
d : 시험체 지름
l : 시험체의 길이

〈그림〉 쪼갬인장강도 시험모습 및 시험체

5.3.2.7 열팽창계수

열팽창계수 시험은 국내에는 시험방법이 제시되어 있지 않으며 외국의 시험방법을 준용하며 이 기준의 품질기준을 만족하거나 동등 이상의 성능을 가져야 한다.

시험개요

열팽창계수 측정은 ASTM C 531(Standard Test Method for Linear Shrinkage and Coefficient of Thermal Expansion of Chemical-Resistant Mortars, Grouts, Monolithic Surfacings, and Polymer Concrete, ∅100×200 시험체로 제작하여 실시)을 준용하며, 측정 시편을 ∅ 100×200mm 시험체로 제작하여 실시하고, 초기 3시간은 시험체의 온도를 20±1℃에서 유지시킨다.
측정챔버에 거치시키고 습도를 일정하게 유지한 상태에서 측정실 내의 온도를 제어하여 온도변화에 따른 측정시편의 온도변화율과 길이변화율, 변형률을 데이터로거 측정하여 측정시편의 실질 열팽창계수를 산정한다.

〈그림〉 열팽창계수 시험(좌측: 시험 전, 우측: 시험 중)

〈그림〉 열팽창계수 시험(좌측: 시험 전, 우측: 시험 중)

5.3.2.8 탄성계수

탄성계수 시험은 국내에는 시험방법이 제시되어 있지 않으며 외국의 시험방법을 준용하며 이 기준의 품질기준을 만족하거나 동등 이상의 성능을 가져야 한다.

해설

시험개요

탄성계수 측정은 ASTM C 469(Standard Test Method for Static Modulus of Elasticity and Poisson's Ratio of Concrete in Compression)을 준용하며, 탄성계수는 ∅100×200mm 크기의 시험체를 이용하여 규정된 방법에 따라 시험한다.

하중재하에는 50톤 용량의 UTM을 사용하였으며, 탄성계수는 다음 식에 의해 구한다.

$$E = \frac{S_2 - S_1}{\epsilon_2 - 0.00005}$$

여기서, E : 탄성계수(MPa)

S_2 : 세로 변형 0.00005에 대한 응력(N/mm^2)

S_1 : 극한 응력의 40%에 대한 응력(N/mm^2)

ϵ_2 : 응력 S_2에 의해 생긴 세로 변형

〈그림〉 열팽창계수 시험(좌측: 시험 전, 우측: 시험 중)

5.4 콘크리트 균열보수공법 재료 시험방법

5.4.1 균열보수공법 재료 시험 원칙

균열보수공법에 사용되는 재료의 시험방법에 대해서는 한국산업규격에 따르며, 이와 관련된 국내규격이 없는 경우에는 외국규격을 적용할 수 있다.

5.4.2 균열보수공법 재료 시험방법

(1) 균열보수공법 재료는 다음과 같은 성능이 가장 중요하게 확보되어야 한다.

① 균열보수 재료의 시간의존적 성능

② 균열보수 재료의 일체화 성능

③ 균열보수 재료의 연성, 강성 등에 따른 성능

(2) 균열보수공법 재료가 위와 같은 성능을 확보하기 위해서는 기존 국내 규격인 KS F 4923, KS F 4935 및 KS M 5713의 품질기준을 만족하여야 하며, 이외에도 탄성계수 등의 품질기준을 만족하거나 동등 이상의 성능을 가져야 한다.

5.4.2.1 인장강도 및 인장파괴 시 신장률

인장강도 시험은 재료의 종류에 따라 KS F 4923의 시험방법을 준용하며 이 기준의 품질
기준을 만족하거나 동등 이상의 성능을 가져야 한다.

해설

시험개요

인장강도(인장파단시 신장율)시험은 KS F 4923(콘크리트 구조물 보수용 에폭시 수지), KS
M ISO 527(인장강도 및 인장파괴시 신장률 플라스틱 인장성의 측정; 통칙(1부), 성형 및
압축 플라스틱의 시험조건)을 따른다.

각각 에폭시 함침수지의 주제와 경화제를 혼합한 직후 성형하여 각각 5개씩 인장시험을 실
시하며, 재하속도는 1mm/min로 한다.

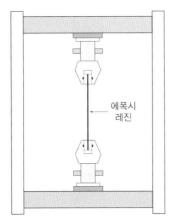

에폭시
레진

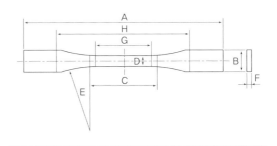

A 전체길이 150　　　　　E 어깨 둥굴기의 반지름 60
B 양끝나비 20±0.5　　　 F 두께 1~10
C 평행부분의 길이 60±0.5　G 눈금간거리 50±0.5
D 평행부분의 나비 10±0.5　H 그립간거리 115±5

〈그림〉 인장강도 시험 모습 및 시험체 형상

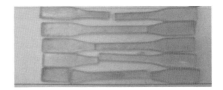

〈그림〉 인장강도 시험 모습 및 시험체

5.4.2.2 압축강도

압축강도 시험은 재료의 종류에 따라 KS F 4923의 시험방법을 준용하며 이 기준의 품질
기준을 만족하거나 동등 이상의 성능을 가져야 한다.

해설

시험개요

압축강도 시험은 KS F 4923(콘크리트 구조물 보수용 에폭시 수지), KS M ISO 884(경질형
에폭시 수지의 압축강도 경질 발포 플라스틱 압축시험)을 따른다.

각각 에폭시 함침수지의 주제와 경화제를 혼합한 직후 성형하여 각각 5개씩 인장시험을 실
시하며, 재하속도는 1mm/min로 한다.

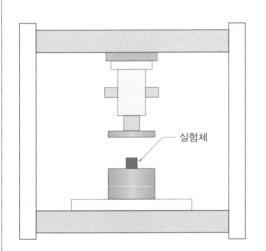

〈그림〉 압축강도 시험 장치 및 압축강도 시험체 형상

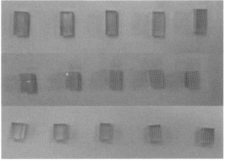

〈그림〉 압축강도 시험 모습 및 시험체

5.4.2.3 휨강도

휨강도 시험은 재료의 종류에 따라 KS M 3015의 시험방법을 준용하며 이 기준의 품질기준을 만족하거나 동등 이상의 성능을 가져야 한다.

해설

시험개요

휨강도 시험은 KS M 3015(열 경화성 플라스틱 일반 시험 방법)을 따른다.

각각 에폭시 함침수지의 주제와 경화제를 혼합한 직후 성형하여 각각 5개씩 인장시험을 실시하며, 재하속도는 1mm/min로 한다.

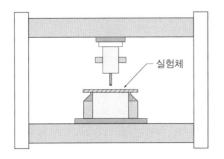
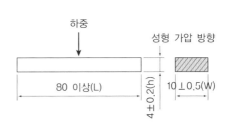

〈그림〉 휨강도 시험 장치 및 휨강도 시험체 형상

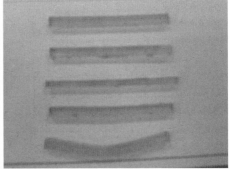

〈그림〉 휨강도 시험 모습 및 시험체

5.4.2.4 접착강도

접착강도 시험은 재료의 종류에 따라 KS F 4923의 시험방법을 준용하며 이 기준의 품질 기준을 만족하거나 동등 이상의 성능을 가져야 한다.

시험개요

접착강도 시험은 KS F 4923(콘크리트 구조물 보수용 에폭시 수지)을 따른다.
각각 에폭시 함침수지의 주제와 경화제를 혼합한 직후 성형하여 각각 5개씩 인장시험을 실시하며, 재하속도는 1mm/min로 한다.

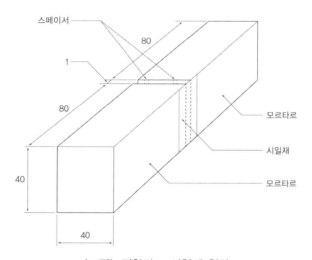

〈그림〉 접착강도 시험체 형상

〈그림〉 접착강도 시험 모습

부록A 성능유지 보수계획

적용지침 및 검토서류

▶정밀안전진단보고서

1.1 개 요

1.1.1 보수설계 개요

- 과업명 : OO교 보수설계
- 과업기간 : 20XX. XX. XX. ~ 20XX. XX. XX.

1.1.2 보수설계 범위

- 과업대상 : OO교 중 거더 및 바닥판에 대한 보수설계
- 대상위치

시설물명	종별	위치	준공일	규모		설계하중
				폭	연장	
OO교	법외	OO구 OO동	19XX년	10.5	48	DB-18

1.1.3 보수설계 흐름

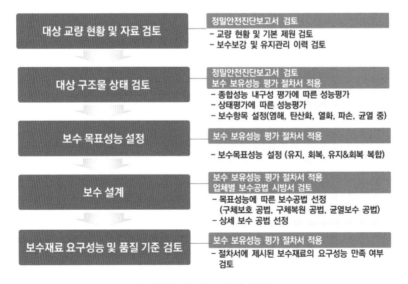

〈그림 A.1〉 보수설계 흐름

1.2 대상 교량 현황 및 자료검토

1.2.1 교량 현황 및 기본 제원 검토

1.2.1.1 개요

본 OO교는 1970년대 시공된 것으로 추정되며, OO로를 따라 위치하는 폭 10.5m, 연장 48.0m의 구조물임. 구조형식은 콘크리트 거더로 구성되어 있음

1.2.1.2 교량 제원

본 과업의 시설물인 OO교의 제원은 다음과 같음

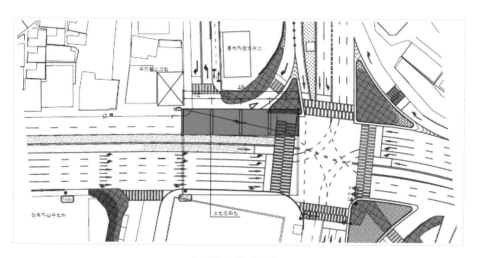

〈그림 A.2〉 평면도

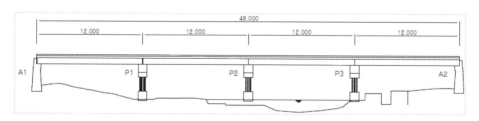

〈그림 A.3〉 종단면도

적용지침 및 검토서류

▶정밀안전진단보고서

1.2.2 보수보강 및 유지관리 이력 검토

1.2.2.1 정밀점검 및 정밀안전진단 이력

〈표 A.1〉 점검 및 진단 이력표

연도	점검구분	점검결과 요약	점검업체
0000.00.00	특별점검	• 점검결과 구조안전검토가 필요한 것으로 조사되었으며, 구조검토 시 상수도관 등 부속시설물에 대한 검토 필요 • 각 부재의 내구성능을 평가하고 받침장치 등의 사용성이 필요한 것으로 조사됨	외부전문가 2인
0000.00.00 ~ 0000.00.00	정밀 안전진단	• 슬래브하면에 균열과 누수, 백태, 철근노출이 조사되었고, 주형 및 가로보의 경우 전반적인 점부식과 용접부 불량 등이 조사되어 내구성 확보 및 기능성 저하방지 차원의 보수가 필요한 상태임 • 슬래브하면 캔틸레버구간과 주형의 경우 중차량통행 및 통행량 증가 시 내하력이 부족한 것으로 평가되어 통행제한 및 내하력 보수, 보강이 필요한 것으로 검토됨	㈜OO건설안전

1.2.2.2 보수보강 이력

〈표 A.2〉 보수보강 이력표

보수일자	보수 내용	관리주체	시공사
0000	• 바닥판하면 표면처리보수 • 교대 표면처리보수 • 교각 표면처리보수	OO도로사업소	㈜OO

1.3 대상 구조물 상태검토

▶보수 보유성능 평가 절차서 1.2

1.3.1 적용 범위

보수공법의 적용범위는 콘크리트 교량의 상부구조 중 바닥판과 거더를 대상으로 함

▶정밀안전진단보고서

▶보수 보유성능 평가 절차서 3.1.2

1.3.2 종합성능 내구성평가에 따른 성능평가 결과

종합성능평가의 내구성 항목인 탄산화와 염해에 대한 내구성 조사 결과는 다음과 같음

〈표 A.3〉 내구성능 조사 결과

시험명	시험부위 (추정설계치)	시험결과	책임기술자 의견
염화물 함유량시험	바닥판	1.5kg/m³	"c" 등급으로 판정되어 향후 염화물에 의한 부식발생 가능성이 높음
	거더	1.5kg/m³	
탄산화 시험	바닥판	탄산화 깊이 4.99mm~7.99mm	"c" 등급으로 판정되어 탄산화에 의한 부식발생 가능성이 높음
	거더	탄산화 깊이 4.99mm~7.99mm	

1.3.3 상태평가에 따른 성능 평가

▶정밀안전진단보고서

▶보수 보유성능 평가
절차서 3.1.4

- 정밀안전진단을 통한 상태평가 결과는 다음과 같음
- 상태평가를 통해서 조사된 손상들은 다음과 같이 열화, 파손, 균열의 대표 손상으로
분류함

〈표 A.4〉 상태평가 결과

구분	손상현황	물량	단위	대표 손상
바닥판	오염	0.1	m²	열화
	누수 및 백태	0.1	m²	
	철근 노출 및 부식	0.1	m²	
	박리	0.1	m²	파손
	파손	0.1	m²	
	재료분리	0.1	m²	
	박락	0.1	m²	
	피복두께 부족	0.1	m²	
	균열	0.2	m²	균열
	망상균열	0.1	m²	
거더	오염	0.1	m²	열화
	누수 및 백태	0.1	m²	
	철근 노출 및 부식	0.1	m²	
	박리	0.1	m²	파손
	파손	0.1	m²	
	재료분리	0.1	m²	

〈표 A.4〉 상태평가 결과(계속)

구분	손상현황	물량	단위	대표 손상
거더	박락	0.1	m^2	파손
	피복두께 부족	0.1	m^2	
	균열	0.2	m^2	균열
	망상균열	0.1	m^2	

1.3.4 구조물 상태평가 결과

- 종합성능 내구성 평가에 따른 성능평가 결과 염화물함유량시험과 탄산화시험에 대해서 기준치 미달로 나타났으며 이에 따라 탄산화와 염해에 대한 보수가 필요함
- 상태평가에 따른 성능평가결과 열화, 파손, 균열에 대해서는 보수가 필요하지 않음

1.4 보수 목표성능 설정

▶보수 보유성능 평가 절차서 3.1.1

1.4.1 보수 목표성능 설정

▶보수 보유성능 평가 절차서 3.1.2

- 구소불의 보강을 내구성 측면에서 고찰하면 아래 그림 A.4와 같은 목표성능이 있으며, 이 목표성능 설정은 시공성, 경제성에 크게 영향을 받음

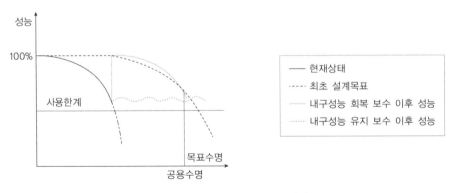

〈그림 A.4〉 보수 목표성능 설정

- ○○교는 그림 A.6과 같이 탄산화와 염해에 대한 내구성능을 유지하는 것을 보수목표 성능으로 설정함

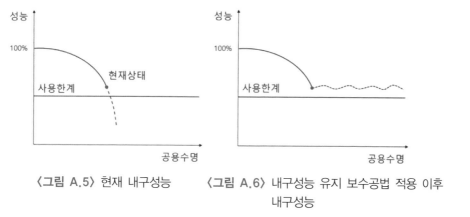

〈그림 A.5〉 현재 내구성능   〈그림 A.6〉 내구성능 유지 보수공법 적용 이후
내구성능

1.5 보수 설계

1.5.1 보수 공법 선정

▶보수 보유성능 평가
절차서 3.1.2

- OO교의 보수는 탄산화와 염해에 대한 내구성능을 유지하는 것을 목표로 하기 때문에
이에 적절한 보수범위를 설정하여야 함

- 내구성능 유지에 대한 보수는 침투에 대한 보호, 수분조절, 화학반응에 대한 저항 효과
가 있어야 함

- 이러한 보수 범위에 적합한 OO교의 보수공법은 구체보호 공법(피복공법, 함침공법,
코팅 등)임

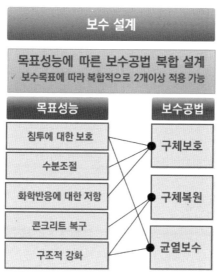

〈그림 A.7〉 목표성능에 따른 보수공법 선정

적용지침 및 검토서류

▶업체별 보수공법
시방서

1.5.2 상세 보수 공법 선정

○○교의 보수는 구체보호 공법으로 수행되는 것으로 결정되었으며 상세 구체보호 공법
은 표 A.5에 나타낸 바와 같이 업체별 보수공법을 비교하여 최적의 공법을 선정함

〈표 A.5〉 상세 구체보호공법 비교

구분	○○공법	○○공법
내용	시알레이트계 무기폴리머 모르타르와 플로오르화 무기폴리머 보호코팅제를 이용한 고내산성 콘크리트 표면보수공법	탄성 고분자복합소재를 이용한 콘크리트 및 강구조물의 염해, 중성화방지 및 방수, 방식 기능의 친환경 표면보호공법
특징	• 내산성, 내화학성, 내황산염 저항성 우수 • 산성환경에 대한 내부식성 우수 • 유기용제를 사용하지 않으므로 환경 친화적 • 화학적 침식작용 억제 차단함으로 구조물의 수명연장 • 무기계 재료로써 모체와 일체거동	• 시공 공정이 간단(일액형 타입) • 염해, 탄산화방지 방식성능 우수 • 촉진내후성, 내약품성이 우수 • 내충격성, 통기성 등의 내구성 우수 • 미관개선 효과 • 시공비가 저렴 • 재료 손실량이 거의 없음
구분	○○공법	○○공법
내용	아질산계 하이드로탈 사이트를 혼입하여 단면보수 모르타르 및 밀폐형 건습식 복합분체 이송압송장치에 의한 콘크리트 구조물의 보수공법	친환경 재료를 이용하여 열화된 콘크리트의 내구성 및 내명성 확보를 위해 방식하는 공법
특징	• 바탕콘크리트와의 일체화에 의한 장기 부착성능향상 • 물리화학적 복합장벽을 형성함으로써 구조물의 장기 내구성 • 내화학성 향상 • 시스템의 자동화, 기계화에 의한 인력 및 공사비 절감 • 섬유질 혼입으로 균열 억제력을 가짐 • 습윤면 시공 가능 • 시공장소에 제약을 받지 않음	• 환경친화적공법 • 항균, 내염성이 우수 • 공사비가 저렴 • 발수 및 통기성이 우수 • 탄성을 가지고 있어 미세한 균열에 대응 • 물성이 콘크리트와 유사하여 기존구조물과 거동일체성으로 탈락현상이 없음

1.6 보수재료 요구성능 및 품질기준

▶보수 보유성능 평가
절차서 4.2

1.6.1 보수재료 요구성능

• 콘크리트 구체보호는 콘크리트 표면 또는 피복깊이에 보수재료를 침투시켜 외부로부
터 유해물질을 차단하는 공법임. 이에 대한 공법으로는 유기계피복공법, 무기계피복공
법, 표면함침공법 등이 있음

- 콘크리트 구체보호공법은 다음과 같은 적용범위를 가지고 적절한 보수공법 선정과 설계가 이루어져야 함

  ① 침투에 대한 보호

  ② 수분조절

  ③ 화학반응에 대한 저항

- 구체보호공법 재료는 다음과 같은 성능이 가장 중요하게 확보되어야 함

  ① 수분을 포함한 유해물질 침투 차단에 관련된 성능 → 중성화 깊이, 염화물 이온 침투 저항성, 투습도, 내투수성, 내흡수성, 용출저항성능

  ② 기존 콘크리트와 일체성 관련 성능 → 부착강도

  ③ 노출 환경에서의 내구 성능 → 균열 대응성, 내흡수성

- 1.5절에서 선정된 구체보호공법은 한국산업규격에 의해 보수 보유성능 평가절차서에서 제시된 요구성능 및 품질기준을 만족하여야 하며, 발주처와 협의하여 외국규격을 사용할 수 있음

〈표 A.6〉 유기계피복재 품질기준(KS F 4936)

품질항목		성능기준
도막 형성 후의 겉모양	표중양생 후	주름, 잔갈림, 핀홀, 변형 및 벗겨짐이 생기지 않을 것
	촉진 내후성 시험 후	
	온·냉 반복시험 후	
	내알칼리성 시험 후	
	내염수성 시험 후	
중성화 깊이(mm)		1.0 이하
염화물 이온 침투 저항성(Coulombs)		1,000 이하
투습도($g/m^2 \cdot day$)		50.0 이하
내투수성		투수되지 않을 것
부착강도 (N/mm^2)	표중양생 후	1.0 이상
	촉진 내후성 시험 후	
	온·냉 반복시험 후	
	내알칼리성 시험 후	
	내염수성 시험 후	

⟨표 A.6⟩ 유기계피복재 품질기준(KS F 4936) (계속)

품질항목		성능기준
균열 대응성	−20°C	잔갈림 및 파단되지 않을 것
	20°C	
	촉진 내구성 시험 후	

⟨표 A.7⟩ 무기계피복재 품질기준(KS F 4936)

품질항목		성능기준
도막 형성 후의 겉모양	표중양생 후	주름, 잔갈림, 핀홀, 변형 및 벗겨짐이 생기지 않을 것
	촉진 내후성 시험 후	
	온·냉 반복시험 후	
	내알칼리성 시험 후	
	내염수성 시험 후	
중성화 깊이(mm)		1.0 이하
염화물 이온 침투 저항성(Coulombs)		1,000 이하
투습도($g/m^2 \cdot day$)		50.0 이히
내투수성		투수되지 않을 것
부착강도 (N/mm^2)	표중양생 후	1.0 이상
	촉진 내후성 시험 후	
	온·냉 반복시험 후	
	내알칼리성 시험 후	
	내염수성 시험 후	
균열 대응성	−20°C	잔갈림 및 파단되지 않을 것
	20°C	
	촉진 내구성 시험 후	

〈표 A.8〉 표면함침재 품질기준(KS F 4930)

품질항목		성능기준		적용 시험항목
		유기질계	무기질계	
침투깊이		20.0mm 이상	–	–
내흡수 성능	표준상태	물흡수 계수비 0.10 이하	물흡수 계수비 0.50 이하	–
	내알칼리성 시험 후			
	저온·고온 반복 저항성 시험 후			
	촉진 내후성 시험 후	물흡수 계수비 0.20 이하		
내투수성능		투수비 0.10 이하		–
염화물 이온 침투 저항성		3.0mm 이하		–
용출 저항 성능	냄새와 맛	이상없을 것		–
	탁도	2도 이하		
	색도	5도 이하		
	중금속(P_b로서)	0.1mg/L 이하		
	과망간산칼륨 소비량	10mg/L 이하		
	pH	5.8에서 8.6		
	페놀	0.005mg/L 이하		
	증발 잔류분	30mg/L 이하		
	잔류 염소의 감량	0.2mg/L 이하		
인화점		80℃ 이하에서 불꽃이 발생하지 않을 것		KS M 2010

부록B 성능회복 보수계획

적용지침 및 검토서류

1.1 개 요

1.1.1 보수설계 개요

- 과업명 : OO교 보수 설계
- 과업기간 : 20XX. XX. XX.~20XX. XX. XX.

1.1.2 보수설계 범위

- 과업대상 : OO교 중 거더 및 바닥판에 대한 보수 설계
- 대상위치

시설물명	종별	위치	준공일	규모		설계하중
				폭	연장	
OO교	법외	OO구 OO동	19XX년	10.5	48	DB-18

1.1.3 보수설계 흐름

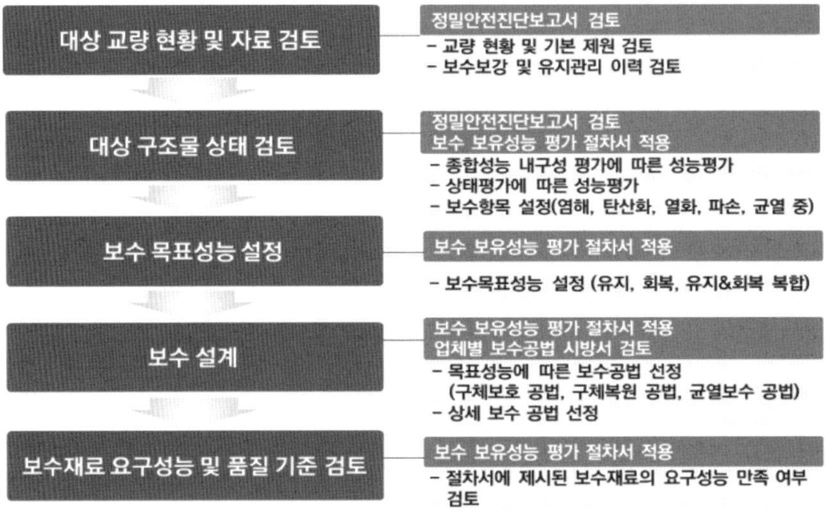
대상 교량 현황 및 자료 검토
정밀안전진단보고서 검토
- 교량 현황 및 기본 제원 검토
- 보수보강 및 유지관리 이력 검토
대상 구조물 상태 검토
정밀안전진단보고서 검토
보수 보유성능 평가 절차서 적용
- 종합성능 내구성 평가에 따른 성능평가
- 상태평가에 따른 성능평가
- 보수항목 설정(염해, 탄산화, 열화, 파손, 균열 중)
보수 목표성능 설정
보수 보유성능 평가 절차서 적용
- 보수목표성능 설정 (유지, 회복, 유지&회복 복합)
보수 설계
보수 보유성능 평가 절차서 적용
업체별 보수공법 시방서 검토
- 목표성능에 따른 보수공법 선정
(구체보호 공법, 구체복원 공법, 균열보수 공법)
- 상세 보수 공법 선정
보수재료 요구성능 및 품질 기준 검토
보수 보유성능 평가 절차서 적용
- 절차서에 제시된 보수재료의 요구성능 만족 여부 검토

〈그림 B.1〉 보수설계 흐름

1.2 대상 교량 현황 및 자료검토

1.2.1 교량 현황 및 기본 제원 검토

1.2.1.1 개요

본 OO교는 1970년대 시공된 것으로 추정되며, OO로를 따라 위치하는 폭 10.5m, 연장 48.0m의 구조물임. 구조형식은 콘크리트 거더로 구성되어 있음

1.2.1.2 교량 제원

본 과업의 시설물인 OO교의 제원은 다음과 같음

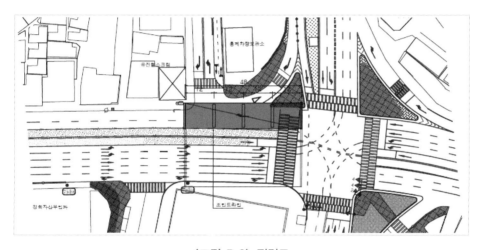

〈그림 B.2〉 평면도

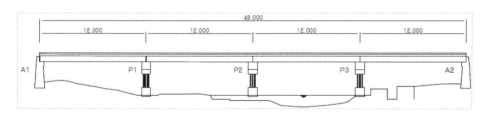

〈그림 B.3〉 종단면도

적용지침 및 검토서류

▶정밀안전진단보고서

1.2.2 보수보강 및 유지관리 이력 검토

1.2.2.1 정밀점검 및 정밀안전진단 이력

〈표 B.1〉 점검 및 진단 이력표

연도	점검구분	점검결과 요약	점검업체
0000.00.00	특별점검	• 점검결과 구조안전검토가 필요한 것으로 조사되었으며, 구조검토 시 상수도관 등 부속시설물에 대한 검토 필요 • 각 부재의 내구성능을 평가하고 받침장치 등의 사용성이 필요한 것으로 조사됨	외부전문가 2인
0000.00.00 ~ 0000.00.00	정밀 안전진단	• 슬래브하면에 균열과 누수, 백태, 철근노출이 조사되었고, 주형 및 가로보의 경우 전반적인 점부식과 용접부 불량 등이 조사되어 내구성 확보 및 기능성 저하방지 차원의 보수가 필요한 상태임 • 슬래브하면 캔틸레버구간과 주형의 경우 중차량통행 및 통행량 증가 시 내하력이 부족한 것으로 평가되어 통행제한 및 내하력 보수, 보강이 필요한 것으로 검토됨	㈜OO건설안전

1.2.2.2 보수보강 이력

〈표 B.2〉 보수보강 이력표

보수일자	보수 내용	관리주체	시공사
0000	• 바닥판하면 표면처리보수 • 교대 표면처리보수 • 교각 표면처리보수	OO도로사업소	㈜OO

1.3 대상 구조물 상태검토

▶보수 보유성능 평가 절차서 1.2

1.3.1 적용 범위

보수공법의 적용범위는 콘크리트 교량의 상부구조 중 바닥판과 거더를 대상으로 함

▶정밀안전진단보고서

▶보수 보유성능 평가 절차서 3.1.2

1.3.2 종합성능 내구성평가에 따른 성능평가 결과

종합성능평가의 내구성 항목인 탄산화와 염해에 대한 내구성 조사 결과는 다음과 같음

⟨표 B.3⟩ 내구성능 조사 결과

시험명	시험부위 (추정설계치)	시험결과	책임기술자 의견
염화물함유량 시험	바닥판	0.3kg/m^3	"a"등급으로 판정되어 향후 염화물에 의한 부식이 발생할 우려 없음
	거더	0.3kg/m^3	
탄산화 시험	바닥판	탄산화 깊이 30mm	"a"등급으로 판정되어 탄산화에 의한 부식발생 우려 없음
	거더	탄산화 깊이 30mm	

1.3.3 상태평가에 따른 성능 평가

▶정밀안전진단보고서

▶보수 보유성능 평가
절차서 3.1.4

● 정밀안전진단을 통한 상태평가 결과는 다음과 같음

● 상태평가를 통해서 조사된 손상들은 다음과 같이 열화, 파손, 균열의 대표 손상으로
분류함

⟨표 B.4⟩ 상태평가 결과

구분	손상현황	물량	단위	대표 손상
바닥판	오염	0.1	m^2	열화
	누수 및 백태	0.1	m^2	
	철근 노출 및 부식	2.0	m^2	
	박리	3.0	m^2	파손
	파손	5.0	m^2	
	재료분리	0.1	m^2	
	박락	3.0	m^2	
	피복두께 부족	0.1	m^2	
	균열	0.2	m^2	균열
	망상균열	0.1	m^2	
거더	오염	0.1	m^2	열화
	누수 및 백태	0.1	m^2	
	철근 노출 및 부식	2.0	m^2	
	박리	3.0	m^2	파손
	파손	5.0	m^2	
	재료분리	0.1	m^2	
	박락	3.0	m^2	
	피복두께 부족	0.1	m^2	
	균열	0.2	m^2	균열
	망상균열	0.1	m^2	

적용지침 및 검토서류

1.3.4 구조물 상태평가 결과

- 종합성능 내구성 평가에 따른 성능평가 결과 염화물함유량시험과 탄산화시험에 대해서 a등급으로 판정되었으며 이에 따라 탄산화와 염해에 대한 보수가 필요하지 않은 것으로 판단됨

- 상태평가에 따른 성능평가결과 열화, 파손에 대해서는 보수가 필요한 것으로 판단됨

1.4 보수 목표성능 설정

1.4.1 보수 목표성능 설정

▶보수 보유성능 평가
절차서 3.1.1

- 구조물의 보강을 내구성 측면에서 고찰하면 아래 그림 B.4와 같은 목표성능이 있으며, 이 목표성능 설정은 시공성, 경제성에 크게 영향을 받음

▶보수 보유성능 평가
절차서 3.1.2

- OO교는 그림 B.6과 같이 열화, 파손에 대한 내구성능을 회복하는 것을 보수목표 성능으로 설정함

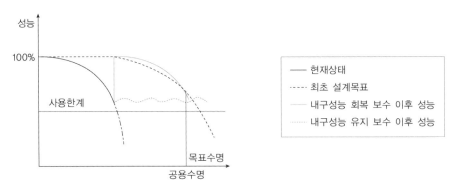

〈그림 B.4〉 보수 목표성능 설정

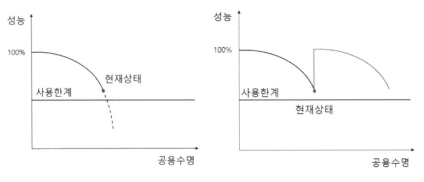

〈그림 B.5〉 현재 내구성능 　　〈그림 B.6〉 내구성능 회복 보수공법 적용 이후 내구성능

1.5 보수 설계

1.5.1 보수 공법 선정

- OO교의 보수는 열화, 파손에 대한 내구성능을 회복하는 것을 목표로 하기 때문에 이에 적절한 보수범위를 설정하여야 함

- 내구성능 회복에 대한 보수는 콘크리트 복구에 대한 효과가 있어야 함

- 이러한 보수 범위에 적합한 OO교의 보수공법은 구체복원 공법(미장공법, 숏크리트공법, 충전공법 등)임

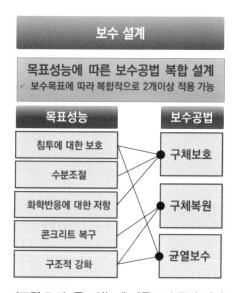

〈그림 B.7〉 목표성능에 따른 보수공법 선정

1.5.2 상세 보수 공법 선정

OO교의 보수는 구체복원 공법으로 수행되는 것으로 결정되었으며 상세 구체복원 공법은 표 B.5에 나타낸 바와 같이 업체별 보수공법을 비교하여 최적의 공법을 선정함

〈표 B.5〉 상세 구체복원공법 비교

구분	OO공법	OO공법
내용	시알레이트계 무기폴리머 모르타르와 플로오르화 무기폴리머 보호코팅제를 이용한 고내산성 콘크리트 단면보수 공법	손상된 표면에 대하여 미세기공 $1\mu m$ 이하의 칼슘 실리케이트 수화물 형성으로 조직을 치밀화하여, 내구성 및 강도를 증진시키고, 콘크리트 구체 표면을 강화시키는 보수공법

〈표 B.5〉 상세 구체복원공법 비교(계속)

구분	OO공법	OO공법
특징	• 내산성, 내화학성, 내황산염 저항성 우수 • 산성환경에 대한 내부식성 우수 • 유기용제를 사용하지 않으므로 환경 친화적 • 화학적 침식작용 억제 차단함으로 구조물의 수명연장 • 무기계 재료로써 모체와 일체거동	• 시공 공정이 간단 • 염해, 탄산화방지 및 강재 방식성능 우수 • 내약품성, 내충격성, 통기성, 내구성 우수 • 공사기간이 단축되어 공사비 저렴 • 오염방지 기능으로 미관개선 효과 우수 • 내굴곡성과 균열 추종 기능이 우수하며, 미세균열 자가치유 • 유지보수 용이, 기존 시공업자 시공 가능 • 시공에 대한 기초 지식이 필요함

구분	OO공법	OO공법
내용	아질산계 하이드로 탈사이트를 혼입하여 단면보수 모르타르 및 밀폐형 건·습식 복합분체이송·장치에 의한 콘크리트 구조물의 보수공법	금속혼합물도료(CORUSEAL)를 이용한 콘크리트 염해·탄산화 방지기술
특징	• 교통량이 많은 도시의 구조물 중 터널, 차량방호울타리, 중앙분리대, 옹벽, 교대 뿐만 아니라, 도시철도 라이닝 및 보행터널 등 다양한 지하구조물의 콘크리트 탄산화 방지, 방식 • 내오염성 기능으로 먼지 침착을 최소화하고, 오염이 쉽게 제거되는 제염성 • 차폐성으로 각종 외부의 열화원인(CO_2, CL^-, 수분)을 원천적으로 차단하고, 지하구조물 콘크리트특성을 고려하여 통기성 부여 • 영하 날씨에도 신장력과 복원력을 가지며 균열추종성 보유	• 교통량이 많은 도시의 구조물 중 터널, 교량, 옹벽 등에 다양한 구조물의 콘크리트 탄산화 방지, 방식 • 내오염성 기능으로 먼지 침착을 최소화하고, 오염이 쉽게 제거되는 제염성 • 차폐성으로 각종 외부의 열화원인(CO_2, CL^-, 수분)을 원천적으로 차단하고, 지하구조물 콘크리트특성을 고려하여 통기성 부여 • 영하 날씨에도 신장력과 복원력을 가지며 균열추종성 보유

1.6 보수재료 요구성능 및 품질기준

▶보수 보유성능 평가 절차서 4.2

1.6.1 보수재료 요구성능

• 콘크리트 구체복원은 콘크리트 부분이 충격 등에 의해 유실되거나 이미 열화된 부위를 제거한 후 성능저하를 회복하는 공법임. 이에 대한 공법으로는 미장공법, 숏크리트공법 및 충전공법 등이 있음

• 콘크리트 구체복원공법은 다음과 같은 적용범위를 가지고 적절한 보수공법 선정과 설계가 이루어져야 함

① 콘크리트 복구

② 구조적 강화

- 구체복원공법 재료는 다음과 같은 성능이 가장 중요하게 확보되어야 함

  ① 구체복원 재료의 시간의존적 성능 → 열팽창계수, 건조수축, 구속팽창

  ② 구체복원 재료의 일체화 성능 → 부착강도

- 1.5절에서 선정된 구체복원공법은 한국산업규격에 의해 보수 보유성능 평가절차서에서 제시된 요구성능 및 품질기준을 만족하여야 하며, 발주처와 협의하여 외국규격을 사용할 수 있음

〈표 B.6〉 폴리머 시멘트 모르타르 품질기준(KS F 4042)

▶보수 보유성능 평가 절차서 4.2

시험항목		품질기준
시멘트 혼화용 폴리머의 고형분(%)		표시값 ± 1% 이내
휨강도(MPa)		6.0 이상
압축강도(MPa)		20.0 이상
부착강도(MPa)	표준조건	1.0 이상
	온냉 반복 후	1.0 이상
내알칼리성		압축강도 20.0 MPa 이상
중성화 저항성(mm)		2.0 이하
투수량(g)		20 이하
물 흡수 계수($kg/(m^2h^{0.5})$)		0.5 이하
습기투과저항성(S_d)		2m 이하
염화물 이온 침투 저항성(Coulombs)		1,000 이하
길이변화율(%)		± 0.15 이내

〈표 B.7〉 에폭시 수지계 모르타르 품질기준 (KS F 4043)

품질항목		성능기준
작업 가능 시간(분)		표시값 ±20% 이내
휨강도(MPa)		10.0 이상
압축강도(MPa)	표준	40.0 이상
	알칼리 침지 후	
내알칼리성	60°C	1.5 이상
	20°C	
	5°C	
	온·냉 반복 후	
투수량(g)		0.5 이하
염화물 이온 침투저항성(Coulombs)		1,000 이하
길이변화율(%)		± 0.15 이하

〈표 B.8〉 구체복원재료 일체화 관련 성능 품질기준

품질항목	성능기준
열팽창계수(ASTM C531)	일반적 성능 0.000025/°C
건조수축(ASTM C596)	0.10% 이하
구속팽창(ASTM C806)	일반적 성능 0.06%

부록C 복합보수 실시계획

1.1 개 요

적용지침 및 검토서류

1.1.1 보수설계 개요

- 과업명 : OO교 보수 설계
- 과업기간 : 20XX. XX. XX. ~ 20XX. XX. XX.

1.1.2 보수설계 범위

- 과업대상 : OO교 중 거더 및 바닥판에 대한 보수 설계
- 대상위치

시설물명	종별	위치	준공일	규모		설계하중
				폭	연장	
OO교	법외	OO구 OO동	19XX년	10.5	48	DB-18

1.1.3 보수설계 흐름

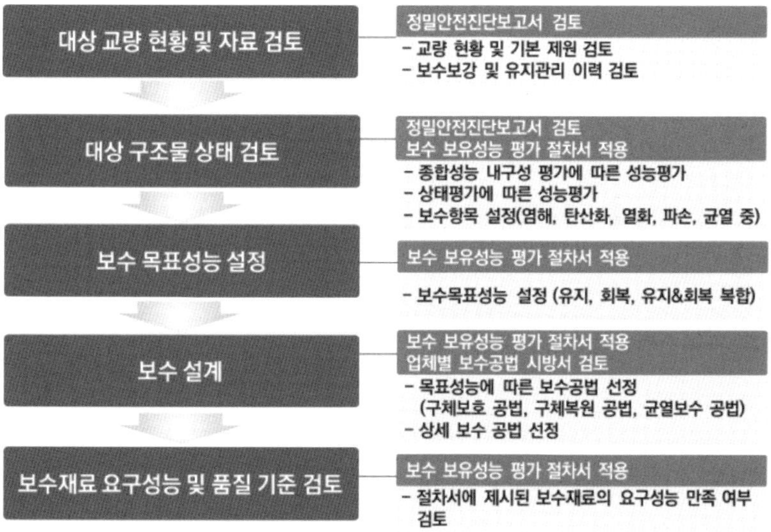

〈그림 C.1〉 보수설계 흐름

1.2 대상 교량 현황 및 자료검토

1.2.1 교량 현황 및 기본 제원 검토

1.2.1.1 개요

본 OO교는 1970년대 시공된 것으로 추정되며, OO로를 따라 위치하는 폭 10.5m, 연장 48.0m의 구조물임. 구조형식은 콘크리트 거더로 구성되어 있음

1.2.1.2 교량 제원

본 과업의 시설물인 OO교의 제원은 다음과 같음

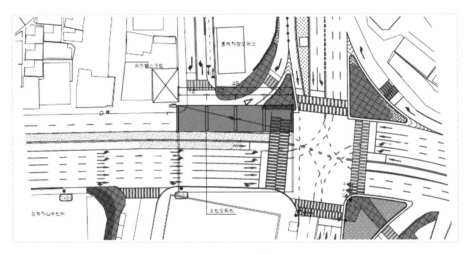

〈그림 C.2〉 평면도

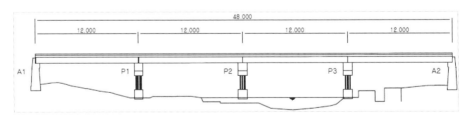

〈그림 C.3〉 종단면도

1.2.2 보수보강 및 유지관리 이력 검토

적용지침 및 검토서류

▶정밀안전진단보고서

1.2.2.1 정밀점검 및 정밀안전진단 이력

〈표 C.1〉 점검 및 진단 이력표

연도	점검구분	점검결과 요약	점검업체
0000.00.00	특별점검	• 점검결과 구조안전검토가 필요한 것으로 조사되었으며, 구조검토 시 상수도관 등 부속시설물에 대한 검토필요 • 각 부재의 내구성능을 평가하고 받침장치 등의 사용성이 필요한 것으로 조사됨	외부전문가 2인
0000.00.00 ~ 0000.00.00	정밀 안전진단	• 슬래브하면에 균열과 누수, 백태, 철근노출이 조사되었고, 주형 및 가로보의 경우 전반적인 점부식과 용접부 불량 등이 조사되어 내구성 확보 및 기능성 저하방지 차원의 보수가 필요한 상태임 • 슬래브하면 캔틸레버구간과 주형의 경우 중차량통행 및 통행량 증가 시 내하력이 부족한 것으로 평가되어 통행제한 및 내하력 보수, 보강이 필요한 것으로 검토됨	㈜OO건설안전

1.2.2.2 보수보강 이력

〈표 C.2〉 보수보강 이력표

보수일자	보수 내용	관리주체	시공사
0000	• 바닥판하면 표면처리보수 • 교대 표면처리보수 • 교각 표면처리보수	OO도로사업소	㈜OO

1.3 대상 구조물 상태검토

1.3.1 적용 범위

▶보수 보유성능 평가 절차서 1.2

보수공법의 적용범위는 콘크리트 교량의 상부구조 중 바닥판과 거더를 대상으로 함

1.3.2 종합성능 내구성평가에 따른 성능평가 결과

▶정밀안전진단보고서

▶보수 보유성능 평가 절차서 3.1.2

종합성능평가의 내구성 항목인 탄산화와 염해에 대한 내구성 조사 결과는 다음과 같음

적용지침 및 검토서류

〈표 C.3〉 내구성능 조사 결과

시험명	시험부위 (추정설계치)	시험결과	책임기술자 의견
염화물함유량 시험	바닥판	1.5kg/m³	"c" 등급으로 판정되어 향후 염화물에 의한 부식발생 가능성이 높음
	거더	1.5kg/m³	
탄산화 시험	바닥판	탄산화 깊이 4.99mm~7.99mm	"c" 등급으로 판정되어 탄산화에 의한 부식발생 가능성이 높음
	거더	탄산화 깊이 4.99mm~7.99mm	

▶정밀안전진단보고서

▶보수 보유성능 평가
  절차서 3.1.4

1.3.3 상태평가에 따른 성능 평가

● 정밀안전진단을 통한 상태평가 결과는 다음과 같음

● 상태평가를 통해서 조사된 손상들은 다음과 같이 열화, 파손, 균열의 대표 손상으로
  분류함

〈표 C.4〉 상태평가 결과

구분	손상현황	물량	단위	대표 손상
바닥판	오염	0.1	m²	열화
	누수 및 백태	0.1	m²	
	철근 노출 및 부식	0.1	m²	
	박리	0.1	m²	파손
	파손	0.1	m²	
	재료분리	0.1	m²	
	박락	0.1	m²	
	피복두께 부족	0.1	m²	
	균열	10.0	m²	균열
	망상균열	3.0	m²	
거더	오염	0.1	m²	열화
	누수 및 백태	0.1	m²	
	철근 노출 및 부식	0.1	m²	
	박리	0.1	m²	파손
	파손	0.1	m²	
	재료분리	0.1	m²	

〈표 C.4〉 상태평가 결과(계속)

구분	손상현황	물량	단위	대표 손상
거더	박락	0.1	m²	파손
	피복두께 부족	0.1	m²	
	균열	10.0	m²	균열
	망상균열	3.0	m²	

1.3.4 구조물 상태평가 결과

- 종합성능 내구성 평가에 따른 성능평가 결과 염화물함유량시험과 탄산화시험에 대해서 기준치 미달로 나타났으며 이에 따라 탄산화와 염해에 대한 보수가 필요한 것으로 판단됨
- 상태평가에 따른 성능평가결과 균열에 대해서는 보수가 필요한 것으로 판단됨

1.4 보수 목표성능 설정

1.4.1 보수 목표성능 설정

▶보수 보유성능 평가 절차서 3.1.1

- 구조물의 보강을 내구성 측면에서 고찰하면 아래 그림 C.4와 같은 목표성능이 있으며, 이 목표성능 설정은 시공성, 경제성에 크게 영향을 받음

▶보수 보유성능 평가 절차서 3.1.2

- OO교는 그림 C.6과 같이 열화, 파손에 대한 내구성능을 회복하는 것을 보수목표 성능으로 설정함

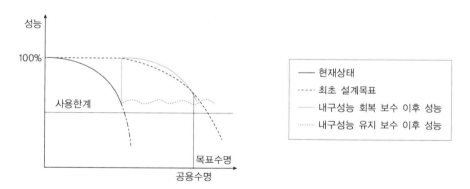

〈그림 C.4〉 보수 목표성능 설정

적용지침 및 검토서류

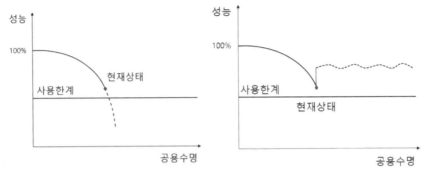

〈그림 C.5〉 현재 내구성능 　〈그림 C.6〉 복합보수공법 적용 이후 내구성능

1.5 보수 설계

▶보수 보유성능 평가
　절차서 3.1.2

1.5.1 보수공법 선정

● OO교의 보수는 열화, 파손에 대한 내구성능을 회복하는 것을 목표로 하기 때문에 이에 적절한 보수범위를 설정하여야 함

● 내구성능 회복에 대한 보수는 콘크리트 복구에 대한 효과가 있어야 함

● 이러한 보수 범위에 적합한 OO교의 보수공법은 구체복원 공법(미장공법, 숏크리트공법, 충전공법 등)임

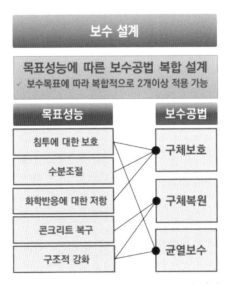

〈그림 C.7〉 목표성능에 따른 보수공법 선정

1.5.2 상세 보수공법 선정

적용지침 및 검토서류
▶업체별 보수공법 시방서

● ○○교의 보수는 구체보호공법과 균열보수공법을 복합적으로 수행하는 것으로 결정되었으며 상세 구체보호공법은 표 C.5에 나타낸 바와 같이 업체별 보수공법을 비교하여 최적의 공법을 선정함

● 균열보수공법은 균열피복공법, 균열주입공법, 균열충전공법 중 최적의 공법을 선정함

▶시설물(교량, 터널 등)의 보수·보강 가이드라인

〈표 C.5〉 상세 구체보호공법 비교

구분	○○공법	○○공법
내용	시알레이트계 무기폴리머 모르타르와 플로오르화 무기폴리머 보호코팅제를 이용한 고내산성 콘크리트 표면보수 공법	탄성 고분자복합소재를 이용한 콘크리트 및 강구조물의 염해, 중성화방지 및 방수, 방식 기능의 친환경 표면보호공법
특징	● 내산성, 내화학성, 내황산염 저항성 우수 ● 산성환경에 대한 내부식성 우수 ● 유기용제를 사용하지 않으므로 환경 친화적 ● 화학적 침식작용 억제 차단함으로 구조물의 수명연장 ● 무기계 재료로써 모체와 일체거동	● 시공 공정이 간단(일액형 타입) ● 염해, 탄산화방지 방식성능 우수 ● 촉진내후성, 내약품성이 우수 ● 내충격성, 통기성 등의 내구성 우수 ● 미관개선 효과 ● 시공비가 저렴 ● 재료 손실량이 거의 없음
구분	○○공법	○○공법
내용	아질산계 하이드로탈 사이트를 혼입하여 단면보수 모르타르 및 밀폐형 건습식 복합분체 이송압송장치에 의한 콘크리트 구조물의 보수공법	친환경 재료를 이용하여 열화된 콘크리트의 내구성 및 내명성 확보를 위해 방식하는 공법
특징	● 바탕콘크리트와의 일체화에 의한 장기 부착성능 향상 ● 물리화학적 복합장벽을 형성함으로써 구조물의 장기 내구성 ● 내화학성 향상 ● 시스템의 자동화, 기계화에 의한 인력 및 공사비 절감 ● 섬유질 혼입으로 균열 억제력을 가짐 ● 습윤면 시공 가능 ● 시공장소에 제약을 받지 않음	● 환경친화적공법 ● 항균, 내염성이 우수 ● 공사비가 저렴 ● 발수 및 통기성이 우수 ● 탄성을 가지고 있어 미세한 균열에 대응 ● 물성이 콘크리트와 유사하여 기존구조물과 거동일체성으로 탈락현상이 없음

적용지침 및 검토서류

▶보수 보유성능 평가
　절차서 4.2

1.6 보수재료 요구성능 및 품질기준

1.6.1 보수재료 요구성능

- 콘크리트 구체보호는 콘크리트 표면 또는 피복깊이에 보수재료를 침투시켜 외부로부터 유해물질을 차단하는 공법임. 이에 대한 공법으로는 유기계피복공법, 무기계피복공법, 표면함침공법 등이 있음

- 콘크리트 구체보호공법은 다음과 같은 적용범위를 가지고 적절한 보수공법 선정과 설계가 이루어져야 함

  ① 침투에 대한 보호

  ② 수분조절

  ③ 화학반응에 대한 저항

- 구체보호공법 재료는 다음과 같은 성능이 가장 중요하게 확보되어야 함

  ① 수분을 포함한 유해물질 침투 차단에 관련된 성능 → 중성화 깊이, 염화물 이온 침투 저항성, 투습도, 내투수성, 내흡수성, 용출저항성능

  ② 기존 콘크리트와 일체성 관련 성능 → 부착강도

  ③ 노출 환경에서의 내구 성능 → 균열 대응성, 내흡수성

- 1.5절에서 선정된 구체보호공법은 한국산업규격에 의해 보수 보유성능 평가절차서에서 제시된 요구성능 및 품질기준을 만족하여야 하며, 발주처와 협의하여 외국규격을 사용할 수 있음

▶보수 보유성능 평가
　절차서 4.2

〈표 C.6〉 유기계피복재 품질기준(KS F 4936)

품질항목		성능기준
도막 형성 후의 겉모양	표준양생 후	주름, 잔갈림, 핀홀, 변형 및 벗겨짐이 생기지 않을 것
	촉진 내후성 시험 후	
	온·냉 반복시험 후	
	내알칼리성 시험 후	
	내염수성 시험 후	
중성화 깊이(mm)		1.0 이하
염화물 이온 침투 저항성(Coulombs)		1,000 이하
투습도(g/m²·day)		50.0 이하
내투수성		투수되지 않을 것

〈표 C.6〉 유기계피복재 품질기준(KS F 4936) (계속)

품질항목		성능기준
부착강도 (N/mm²)	표중양생 후	1.0 이상
	촉진 내후성 시험 후	
	온·냉 반복시험 후	
	내알칼리성 시험 후	
	내염수성 시험 후	
균열 대응성	−20℃	잔갈림 및 파단되지 않을 것
	20℃	
	촉진 내구성 시험 후	

〈표 C.7〉 무기계피복재 품질기준(KS F 4936)

품질항목		성능기준
도막 형성 후의 겉모양	표중양생 후	주름, 잔갈림, 핀홀, 변형 및 벗겨짐이 생기지 않을 것
	촉진 내후성 시험 후	
	온·냉 반복시험 후	
	내알칼리성 시험 후	
	내염수성 시험 후	
중성화 깊이(mm)		1.0 이하
염화물 이온 침투 저항성(Coulombs)		1,000 이하
투습도(g/m²·day)		50.0 이하
내투수성		투수되지 않을 것
부착강도 (N/mm²)	표중양생 후	1.0 이상
	촉진 내후성 시험 후	
	온·냉 반복시험 후	
	내알칼리성 시험 후	
	내염수성 시험 후	
균열 대응성	−20℃	잔갈림 및 파단되지 않을 것
	20℃	
	촉진 내구성 시험 후	

적용지침 및 검토서류
▶보수 보유성능 평가
절차서 4.2

〈표 C.8〉 표면함침재 품질기준(KS F 4930)

품질항목		성능기준		적용 시험항목
		유기질계	무기질계	
침투깊이		20.0mm 이상	–	–
내흡수 성능	표준상태	물흡수 계수비 0.10 이하	물흡수 계수비 0.50 이하	–
	내알칼리성 시험 후			
	저온·고온 반복 저항성 시험 후			
	촉진 내후성 시험 후	물흡수 계수비 0.20 이하		
내투수성능		투수비 0.10 이하		–
염화물 이온 침투 저항성		3.0mm 이하		
용출 저항 성능	냄새와 맛	이상없을 것		–
	탁도	2도 이하		
	색도	5도 이하		
	중금속(P$_b$로서)	0.1mg/L 이하		
	과망간산칼륨 소비량	10mg/L 이하		
	pH	5.8에서 8.6		
	페놀	0.005mg/L 이하		
	증발 잔류분	30mg/L 이하		
	잔류 염소의 감량	0.2mg/L 이하		
인화점		80℃ 이하에서 불꽃이 발생하지 않을 것		KS M 2010

▶보수 보유성능 평가
절차서 4.4

1.6.2 균열보수 공법 보수재료 요구성능

● 콘크리트 균열보수는 균열부에 보수 재료 주입을 통해 구조물의 강성복원 및 균열부 완전 충전을 목적으로 하는 공법이며 균열피복공법, 균열주입공법, 균열충전공법으로 분류함

● 콘크리트 구체보호공법은 다음과 같은 적용범위를 가지고 적절한 보수공법 선정과 설계가 이루어져야 함

① 침투에 대한 보호

② 구조적 강화

● 균열보수공법 재료는 다음과 같은 성능이 가장 중요하게 확보되어야 함

① 균열보수 재료의 시간의존적 성능 → 경화수축률

② 균열보수 재료의 일체화 성능 → 접착강도

③ 균열보수 재료의 연성, 강성 등에 따른 성능 → 탄성계수

• 1.5절에서 선정된 균열보수공법은 한국산업규격에 의해 보수 보유성능 평가절차서에서 제시된 요구성능 및 품질기준을 만족하여야 하며, 발주처와 협의하여 외국규격을 사용할 수 있음

▶보수 보유성능 평가
절차서 4.4

〈표 C.9〉 균열보수용 에폭시 품질기준(경질형) (KS F 4923)

품질항목		시험조건		저점도형		중점도형		고점도형	
				일반용	겨울용	일반용	겨울용	일반용	겨울용
점성	점도(MPa·s)	23±0.5℃		100~1,000		5,000~20,000		–	
	틱소트로픽 인덱스	23±0.5℃		–		5±1		–	
	슬럼프(mm)	15±2℃		–		–		–	5 이하
		30±2℃		–		–		–	
접착강도(N/mm²)		표준조건		6.0 이상		6.0 이상		6.0 이상	
		특수조건	저온 시	–	3.0 이상				
			습윤 시	3.0 이상		3.0 이상		3.0 이상	
			건조 반복 시	3.0 이상		3.0 이상		3.0 이상	
경화수축률(%)		표준조건		3 이하		3 이하		3 이하	
가열변화	질량변화율(%)	–		5 이하		5 이하		5 이하	
	부피변화율(%)	–		5 이하		5 이하		5 이하	
인장강도(N/mm²)		표준조건		15 이상		15 이상		15 이상	
인장파괴 시 신장률(%)		표준조건		10 이하		10 이하		10 이하	
압축강도(N/mm²)		표준조건						50 이상	

〈표 C.10〉 균열보수용 에폭시 품질기준(연질형) (KS F 4923)

▶보수 보유성능 평가
절차서 4.4

품질항목		시험조건	저점도형		중점도형		고점도형	
			일반용	겨울용	일반용	겨울용	일반용	겨울용
점성	점도(MPa·s)	23±0.5℃	100~1,000		5,000~20,000		–	
	틱소트로픽 인덱스	23±0.5℃	–		5±1		–	
	슬럼프(mm)	15±2℃	–		–		–	5 이하
		30±2℃	–		–		–	

〈표 C.10〉 균열보수용 에폭시 품질기준(연질형) (KS F 4923) (계속)

품질항목	시험조건		저점도형		중점도형		고점도형	
			일반용	겨울용	일반용	겨울용	일반용	겨울용
접착강도(N/mm²)	표준조건		3.0 이상		3.0 이상		3.0 이상	
	특수조건	저온 시	–	1.5 이상		1.5 이상		1.5 이상
		습윤 시	1.5 이상		1.5 이상		1.5 이상	
		건조 반복 시	1.5 이상		1.5 이상		1.5 이상	
경화수축률(%)	표준조건		3 이하		3 이하		3 이하	
가열변화	질량변화율(%)		–	5 이하		5 이하		5 이하
	부피변화율(%)		–	5 이하		5 이하		5 이하
인장강도(N/mm²)	표준조건		1.0 이상		1.0 이상		1.0 이상	
	저온 시		1.0 이상		1.0 이상		1.0 이상	
	가열변화 시		1.0 이상		1.0 이상		1.0 이상	
인장파괴 시 신장률(%)	표준조건		50 이상		50 이상		50 이상	
	저온 시		50 이상		50 이상		50 이상	
	가열변화 시		50 이상		50 이상		50 이싱	

〈표 C.11〉 주입형 실링재 품질기준

품질항목			성능기준
투수저항성능			투수되지 않을 것
습윤면 부착 성능			60초 이내에 시험체 밑판이 탈락하지 않을 것
구조물 거동 대응 성능			투수되지 않을 것
수중 유실 저항 성능			중량 변화율 −0.1% 이내일 것
내화학성능	산 처리	황산	중량 변화율 −0.1% 이내일 것
		염산	
		질산	
	염화나트륨 처리		
	알칼리 처리		
온도 의존 성능(내열/내한성)			투수되지 않을 것

〈표 C.12〉 퍼티 품질기준

적용지침 및 검토서류

▶보수 보유성능 평가
절차서 4.4

품질항목	성능기준
용기 내에서의 상태(주제)	굳은 덩어리가 없고 저었을 때 균일한 상태로 되어야 한다.
혼합성	균일하게 혼합하기 쉬울 것
가사시간((20±1)°C, 분)	3 이상
작업성	주걱으로 도장하는 데 지장이 없을 것
건조시간((20±1)°C, 시간)	5 이내
도막의 상태	견본품과 비교해서 색상 차이가 적고 구멍, 줄무늬, 부풂이 현저하지 않고 갈라짐이 인지되지 않을 것
연마 용이성	공연마할 때 연마가 쉬울 것
상도 적합성	견본품과 비교해도 상도 도장 시 지장이 없을 것
내충격성	50cm 높이에서 낙하시킨 추의 충격으로 갈라지거나 벗겨지지 않을 것

〈표 C.13〉 균열보수재료 일체화 관련 성능 품질기준(ASTM D638)

품질항목	성능기준
탄성계수	2.1~3.4GPa

II

노후 콘크리트교량 보강 설계지침(안)

제1장 총 칙

1.1 일반사항

(1) 이 설계지침은 콘크리트 교량의 안전성 확보 및 유지관리를 위한 보강공법에 대한 최소한의 설계절차를 제시함으로써 교량의 안전성과 내구성을 확보할 수 있는 공사의 품질 향상을 도모하는 데 그 목적이 있다.

(2) 이 설계지침은 보강기술에 대한 실험 연구와 관련 설계기준, 설계지침, 시방서 등의 규정과 국내·외 참고문헌의 내용을 반영하여 작성되었으나, 관련 규정은 지속적으로 개정되고 있으므로 관련 기준이 개정되는 경우 개정된 사항을 적용하여야 한다.

(3) 설계지침의 내용과 관련 기준의 해당 규정이 상충되는 경우 관계 법규, 설계기준, 시방서, 발주처 지침을 우선적으로 적용하여야 한다.

(4) 이 설계지침은 콘크리트 교량에 적용되는 대표 공법에 대하여 작성되었으며, 나타내지 않은 보강공법에 대하여는 해당 공법의 기본 원리를 바탕으로 이 기준을 준용하여 설계할 수 있다.

해설

(4)에 대하여

본 지침에서는 기존 교량에 추가로 외력을 가해 교량의 응력을 개선하여 내하력을 보강하는 능동형 보강공법의 대표적인 공법인 긴장 보강공법과 현재 상태의 교량에 휨 보강재를 추가하여 휨강도를 향상시키는 수동형 보강공법 중 대표적인 부착 보강공법에 대해 다룬다. 이 외의 공법에 대해서는 해당 공법의 기본원리에 따라서 응력개선 또는 휨강도 향상의 목적 등에 따라 능동형 또는 수동형 보강공법 여부를 판단하여 발주처와 협의 후 본 지침을 준용할 수 있다.

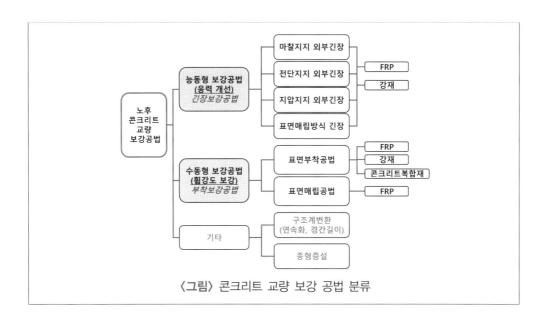

〈그림〉 콘크리트 교량 보강 공법 분류

1.2 적용범위

(1) 이 설계지침은 국내 건설공사 관련법규, 해당 시설물별 설계기준과 표준시방서를 적용
하여 설계·시공된 기존 콘크리트 교량의 유지관리를 위해서 실시되는 보강공사 설계
에 적용한다.

(2) 이 설계지침의 규정은 교량의 유지관리 및 안전성을 확보하기 위해 필요한 최소한의
요구조건을 제시한 것으로 특별한 설계방법은 이 기준에 포함하지 않는다. 다만, 널리
알려진 이론이나 시험에 의해 기술적으로 증명된 사항에 대해서는 발주처의 승인을
얻어 관련 설계기준의 적용을 대체할 수 있다.

(3) 이 설계지침에 규정되어 있지 않은 사항에 대해서는 국토교통부에서 제정한 관련 설계
기준과 설계지침 등에 따른다.

(4) 기존 교량의 보강 설계를 위한 조사, 상태평가, 유지관리절차와 방법 등에 대해서는
시설물의 안전관리에 관한 법규와 시설물별 세부지침에 따른다.

1.3 신규 기술의 적용

(1) 건설신기술은 건설기술진흥법에서 정하는 바에 따라 지정된 신기술·신공법 등으로서 본 지침에서 이들 공법에 대해서는 따로 제시하지 않는다. 이는 설계기준의 특성상 다양한 공법에 대한 설계방법과 적용기준을 세세하게 다루지 못하는 점과 향후에 개발될 수 있는 새로운 공법에 대한 형평성 및 새로운 기술의 개발과 적용을 제한할 수 있다는 점에 기인한다.

(2) 신기술의 설계와 적용기준에 대해서는 이 설계기준의 관련 공법을 참고하여 기술개발자가 제시하는 방법을 이용하여 설계하며 이 기준에서 규정하고 있는 공법에서 요구하는 성능을 만족하거나 동등 이상의 성능을 가지는 경우 적용할 수 있다.

1.4 용어정의

(1) 보강 설계에 적용하는 용어는 관련 법규와 해당 시설물별 기준 및 지침의 정의를 따른다. 이 기준에 자주 인용되고 공통적으로 적용되는 용어의 정의는 다음과 같다.

- 강도감소계수 : 재료의 공칭강도와 실제 강도와의 차이, 부재를 제작 또는 시공할 때 설계도와의 차이, 그리고 부재 강도의 추정과 해석에 관련된 불확실성을 고려하기 위한 안전계수
- 계수하중 : 강도설계법으로 부재를 설계할 때 사용하중에 하중계수를 곱한 하중
- 공칭강도 : 강도설계법의 규정과 가정에 따라 계산된 부재 또는 단면의 강도를 말하며, 강도감소계수를 적용하기 이전의 강도
- 결함 : 시설물 또는 구성부재가 설계 의향과는 다르게 비정상적으로 축조 되어 시설물이 불완전한 상태
- 균열폭 : 콘크리트 표면에서 균열방향에 직교한 폭
- 균형철근비 : 인장철근이 기준항복강도에 도달함과 동시에 압축연단 콘크리트의 변형률이 극한 변형률에 도달하는 단면의 인장철근비
- 기계적 정착 : 철근 또는 긴장재의 끝부분에 여러 형태의 정착장치를 설치하여 콘크

리트에 정착하는 것

- 긴장재 : 단독 또는 몇 개의 다발로 사용되는 프리스트레싱 강선, 강봉, 강연선

- 긴장재의 릴랙세이션 : 긴장재에 인장력을 주어 변형률을 일정하게 하였을 때 시간의 경과와 함께 일어나는 응력의 감소

- 내구성 : 콘크리트가 설계조건에서 시간경과에 따른 내구적 성능 저하로 부터 요구되는 성능의 수준을 지속시킬 수 있는 성질

- 내하력 : 구조물이나 구조부재가 견딜 수 있는 하중 또는 힘의 한도

- 바탕 콘크리트 : 기존 콘크리트 구조물의 단면복구부 콘크리트면을 말함. 모재 콘크리트라고도 함

- 보강 : 시설물의 하중 저항능력을 당초 설계 목적대로 회복시키거나 그 이상으로 향상시키는 행위

- 보강재 : 구조물의 내력 향상을 위해 사용되는 재료

- 보수 : 구조물의 구조변경 없이 손상의 진행을 방지하기 위한 조치

- 비탄성 해석 : 평형조건, 콘크리트와 철근이 비선형 응력–변형률 관계, 균열과 시간 이력에 따른 영향, 변형 적합성 등을 근거로 한 변형과 내력의 해석법

- 사용하중 : 고정하중 및 활하중과 같이 이 기준에서 규정하는 각 종 하중으로서 하중계수를 곱하지 않은 하중

- 상부구조 : 교대나 교각 위에 설치되는 교량의 주거더를 비롯한 일체의 구조를 말함

- 상태변화 : 초기결함, 손상, 열화 등을 총칭하여 이르는 말

- 손상 : 지진이나 충돌 등에 의해 균열이나 박리 등이 단시간에 발생하는 것을 나타내며 시간의 경과에 따라서 진행하지는 않음

- 아라미드섬유 : 공중합성분의 보유 여부에 따라 방향족 폴리아미드섬유 및 방향족 폴리에스테르 아라미드섬유로 분류하는 인공의 유기섬유

- 안전점검 : 경험과 기술을 갖춘 자가 육안이나 점검기구 등으로 검사하여 내재되어 있는 위험요인을 조사하는 행위

- 앵커 : 기초 또는 콘크리트 구조체에 페데스탈, 기둥 등 다른 부재를 정착하기 위하여 묻어두는 볼트

- 에폭시 함침 수지 : 콘크리트 표면에 접착시키는 작용을 하는 에폭시. 현장 적층형으로 여러 겹 중첩하는 경우에는 강판 상호간의 접착제로 사용

- 에폭시 접착 수지 : 강판을 콘크리트 표면에 접착시키는 기능을 하는 에폭시 수지. 통상적으로 강판접착기술에서는 고점도의 에폭시 수지 사용

- 열화 : 구조물의 재료적 성질 또는 물리, 화학, 기후적 혹은 환경적인 요인에 의하여 주로 시공 이후에 장기적으로 발생하는 내구성능의 저하 현상으로 시간의 경과에 따라 진행함

- 열화부 : 탄산화, 염해, 알칼리골재반응 등에 의한 열화 또는 손상에 의해 균열, 박리, 박락, 연약화 등이 발생된 콘크리트 부분 또는 물리적으로 건전하나 탄산화의 진전, 염화물이온의 축적이 된 콘크리트 부분

- 유리섬유 : 녹인 유리를 기계적으로 잡아 늘이는 방법, 공기나 수증기로 날리는 방법 또는 원심력에 의해 주위에 날려 붙이는 방법 등으로 제작된 섬유

- 유지관리 : 구조물의 사용기간에 구조물의 성능을 요구되는 수준 이상으로 유지하기 위한 모든 기술행위

- 요철 : 콘크리트 표면의 평활하지 않은 부분

- 인장지배단면 : 공칭강도에서 최외단 인장철근의 순인장변형률이 인장지배 변형률 한계 이상인 단면

- 정밀안전진단 : 시설물의 물리적·기능적 결함을 발견하고, 그에 대한 신속 하고 적절한 조치를 하기 위하여 구조적 안전성과 결함의 원인 등을 조사·측정·평가하여 보수·보강 등의 방법을 제시하는 행위

- 정착구, 정착장치 : 강선, 강연선, 강봉 등의 보강 긴장재로부터 콘크리트로 포스트텐션 힘을 전달하는데 사용되는 조립장치

- 정착길이 : 위험단면에서 철근의 설계기준항복강도를 발휘하는데 필요한 최소 묻힘 길이

- 정착장치 : 긴장재의 끝부분을 콘크리트에 정착시켜 프리스트레스를 부재에 전달하기 위한 장치

- 콘크리트 내부 : 콘크리트 부재의 콘크리트 표면을 제외한 부분

- 콘크리트 표면 : 콘크리트면의 최외측으로 강우나 자외선에 직접 노출된 면

- 콘크리트 표층부 : 콘크리트 표면부터 약간의 거리에 있는 콘크리트 내부 까지의 콘크리트 표면을 포함한 부분

- 탄소섬유 : 100%의 탄소 원소로 제조된 섬유로서 난연성, 내산성, 내약품성이 우수하고 강철보다 인장성능이 크며, 강하고 경량이며 종류에는 크게 팬계(pan)와 피치계(pitch)의 2가지가 있음

- 탈락 : 연속섬유 라미네이트층의 분리와 같이 표면에 평행한 면을 따라 분리되는 현상

- 프리스트레스 : 외력의 작용에 의한 인장응력을 상쇄할 목적으로 미리 계획적으로 콘크리트에 준 응력

- 프리스트레싱 : 프리스트레스를 주는 일

- 프리텐셔닝 : 긴장재를 먼저 긴장한 후에 콘크리트를 치고 콘크리트가 굳은 다음, 긴장재에 가해 두었던 인장력을 긴장재와 콘크리트의 부착에 의해 콘크리트에 전달시켜 프리스트레스를 주는 방법

- 퍼티 : 청소 후 콘크리트 표면에 발생한 작은 구멍을 매립하여 평활하게 하기 위하여 사용하는 페이스트 형태의 유기계피복재 또는 폴리머 시멘트

- AFRP(Aramid Fiber Reinforced Polymer) : 함침 수지에 의하여 보강된 아라미드 섬유보강복합재

- CFRP(Carbon Fiber Reinforced Polymer) : 크로스(cloth), 매트(mat), 스트랜드(strand) 또는 다른 섬유형태로 보강되어 폴리머 매트릭스를 구성하는 탄소섬유보강복합재(carbon fiber reinforced polymer)의 일반적인 용어

- GFRP(Glass Fiber Reinforced Polymer) : 함침 수지에 의하여 보강된 유리섬유보강복합재

- CFRP(Carbon Fiber Reinforced Polymer) : 크로스(cloth), 매트(mat), 스트랜드(strand) 또는 다른 섬유형태로 보강되어 폴리머 매트릭스를 구성하는 탄소섬유보강복합재(carbon fiber reinforced polymer)의 일반적인 용어

- GFRP(Glass Fiber Reinforced Polymer) : 함침 수지에 의하여 보강된 유리섬유보강복합재

- 보강 긴장재 : 콘크리트에 프리스트레스를 주는데 사용되는 강선, 스트랜드, 강봉 또는 이들의 다발

- 보강 긴장재의 인장강도 : 한국산업규격에 규정되어 있는 인장강도의 최소값, PS 강선 및 PS 스트랜드에서는 인장하중의 최소값

- 보강 긴장재의 항복점 : 한국산업규격에 규정되어 있는 강재의 항복점 또는 내력의 최소값, PS 강선 및 PS 스트랜드에서는 0.2% 영구 늘음에 대한 하중의 최소값

1.5 사용단위계

보강 설계에 적용하는 단위계는 국제단위계(SI Units)를 적용한다. 다만, 국제단위계로 변경 또는 환산할 수 없는 외국기준의 도표, 공식 등을 적용하는 경우에는 해당 기준에서 사용한 단위계를 병용할 수 있으나 최종 계산결과는 국제단위계로 환산하여 표기하도록 한다.

제2장 설계 일반사항

2.1 설계원칙

노후교량에 대한 보강은 안전점검이나 정밀안전진단을 통하여 해당 교량의 내하력을 정확히 파악한 후 보강 목적을 달성할 수 있도록 소요 내하력에 대해 설계하여야 한다.

2.2 설계절차

시설물의 보강 설계는 다음과 같은 유지관리 절차에 따른다.

(1) 조사·진단 및 계획 수립

　　① 조사계획 작성 및 조사 실시

　　② 점검 및 진단결과 검토

　　③ 보강여부 판정

(2) 보강 설계

　　① 회복 목표의 설정

　　② 설계조사(보강공법의 확인과 보강범위)

　　③ 보강재료 및 공법의 선정

　　④ 설계도서 작성

2.3 설계방법 및 업무

보강 설계의 기본적인 사항에 대해서는 총칙에서 규정한 바와 같이 해당 교량의 설계기준, 설계지침, 유지관리지침 등에 따른다. 교량 보강 설계에서 주요 설계업무는 다음과 같다.

① 구체적인 목표·조건의 설정
② 보강공법 적용범위 결정
③ 보강공법의 선정
④ 보강재료의 선정
⑤ 보강을 위한 안전성 검토
⑥ 보강공사 사양서 작성

2.4 보강재료

(1) 기존 교량의 재료는 시공단계에서의 각종요인, 공용기간 중의 하중 작용·환경작용에 의하여 설계 당시의 특성값과 다를 수 있다. 따라서 보강에서는 변화된 재료특성을 충분히 고려해야 하며, 보강을 위하여 사용하는 새로운 재료는 보강효과를 충분히 발휘할 수 있어야 한다.

(2) 교량 보강에 사용되는 재료의 품질, 성능, 시험방법 등에 대해서는 한국산업규격에 따르며, 부착식 앵커에 대해서는 본 지침 부록 C와 D에 제시된 시험법을 따른다. 그 외 관련된 국내규격이 없는 경우에는 감독자와 협의하여 외국규격을 적용할 수 있다.

2.5 품질기준 및 시험방법

2.5.1 요구성능

(1) 보강에 적용되는 사용재료는 관련 기준, 한국산업규격 등에 규정된 성능을 만족하여야 한다.

(2) 보강에 적용되는 사용재료는 다음과 같은 일반적인 성능이 요구된다.

① 역학적 성능 및 치수안정성

② 내구성능

③ 시공성

④ 미적 성능

⑤ 경제성

⑥ 환경부하 및 지속가능성

2.5.2 사용재료의 품질기준

사용하는 보강재료는 용도별 요구 특성값을 고려하여 한국산업규격에 적합한 품질기준을 만족하여야 하며, 관련 품질기준이 없는 경우에는 감독자와 협의하여 외국규격을 사용할 수 있다.

2.5.3 적용규격 및 시험방법

보강재료의 규격 및 시험방법은 한국산업규격을 따르되, 규격품 이외의 재료를 사용하고자 할 때는 해당 산업규격 절차 또는 동등 이상의 성능을 확보할 수 있는 품질확인서를 제출하여 감독자의 승인을 받아 사용할 수 있다.

2.6 설계의 기록

보강공법의 설계의 기록은 공사 후의 구조물의 유지관리를 적절하게 행하기 위하여 건설공사의 설계도서 작성기준에 따라 작성하여 정해진 기간 동안 보존하도록 한다.

제3장 긴장 보강공법

3.1 일반사항

본 지침에서는 교량에 발생하는 응력을 개선하여 내하력을 설계 목적과 동일하게 회복시키거나 상향시키기 위해 시행하는 긴장 보강공법의 설계와 관련된 기본적인 내용을 규정한다.

3.1.1 긴장 보강공법 설계 흐름

긴장 보강공법 설계는 일반적인 프리스트레스트 콘크리트 구조의 휨설계와 동일하지만, 기존 콘크리트에 추가로 설치되는 정착장치와 응력전달 및 저항력에 대한 상세 검토가 요구된다.

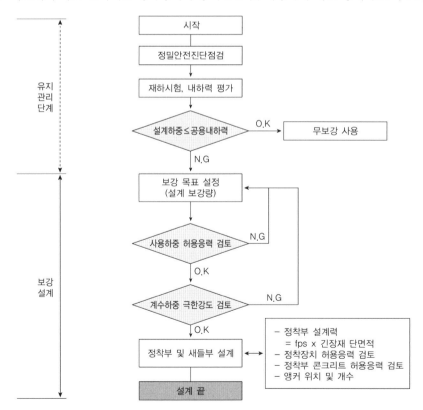

〈그림 3.1〉 긴장 보강공법 설계 흐름

3.1.2 적용규정

(1) 본 지침에서 규정하지 않은 사항에 대해서는 기본적으로 국내 상위 기준인 '콘크리트구조 기준', '도로교설계기준'을 준용하며, ISO 등 관련 국제규격, 국외기준을 준용할 수 있다.

(2) 본 지침은 실험과 국내외 문헌조사를 통해 긴장 보강공법에 있어서 효과적인 보강성능 확보를 위해 필요한 최소한의 요구조건을 제시한 것이다. 본 지침에서 다루지 않는 긴장 보강공법에 대해서도 신뢰성 있는 시험결과가 있는 경우에는 책임기술자와 협의 하여 관련 규정을 준용하여 사용할 수 있다.

3.1.3 공법 분류

긴장 보강공법은 정착장치의 형태, 보강 긴장재의 배치에 따라 여러 가지로 구분되지만 본 지침에서는 정착장치 지지방식에 의해 다음과 같이 분류한다.

● 마찰지지방식

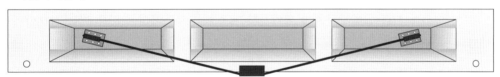

● 전단지지방식

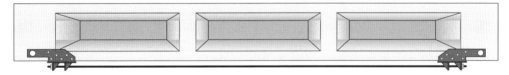

● 지압지지방식

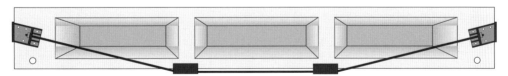

● 표면매립방식

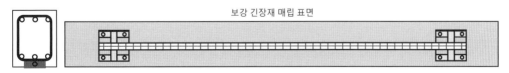

〈그림 3.2〉 긴장 보강공법 공법 분류

3.2 사용재료

3.2.1 재료의 구성

긴장 보강공법 보강시스템의 재료는 긴장재, 구조용 재료, 비구조용 재료로 구분한다.

3.2.2 재료의 성능

(1) 긴장 보강공법에 사용되는 재료는 KDS 14 20 01(3)에 따르며, 섬유보강복합재료에 대해서는 본 지침 '4.2.2 재료 성능'편을 준용한다.

(2) 보강 긴장재의 탄성계수는 실험에 의하여 결정하거나 제조사에 의하여 주어지는 검증된 값을 사용하는 것이 원칙이지만 강재인 경우에는 KDS 14 20 10(4)를 준용하여 2.0×105 MPa를 사용할 수 있다. 섬유보강복합재료에 대해서는 본 지침 '4.2.2 재료 성능'편을 준용한다.

(3) (1)에 규정되지 않은 보강 긴장재를 사용하고자 할 때는 사용재료의 해당 산업규격 절차에 의하여 시험에 합격한 품질확인서를 제출하고 감독자의 승인을 받아 사용할 수 있다.

(4) 정착, 접속, 조립 혹은 배치를 위하여 보강 긴장재를 다시 가공하거나 열처리를 할 경우에는 보강 긴장재의 품질이 저하되지 않는다는 사실을 시험에 의하여 확인해 두어야 한다. 위와 같은 처리에 의한 강재의 품질 저하 정도의 확인과 강재의 적합한 강도, 그 밖의 설계용 값을 별도로 정해 놓아야 한다.

(5) 구조용 강재는 품질, 치수, 형상에 있어 KS D 3503, KS D 3515, KS D 3529의 규격을 만족하여야 하며, 특수한 경우 품질 및 강도시험을 수행한 후 사용한다.

(6) 구조용 강재의 탄성계수는 2.0×105 MPa로 한다.

(7) 콘크리트와 보강재의 접착제에 이용하는 접착제는 필요한 부착강도를 확보하여야 한다.

(8) 보강재의 이음새에 이용하는 접착제는 이음새부의 강도를 확보할 수 있어야 한다.

(9) 앵커는 정착장치의 시공 시 기존에 설치된 보에 부착시키는 역할을 하므로 소요의 강도를 갖고 기존의 부재에 최소한의 손상을 주며, KS B ISO 898-1에 적합한 것을 사용하여야 한다.

(10) 후설치 앵커의 종류 및 형상 등에 대해서는 후설치 앵커의 적용범위에 따른다.

(11) 정착장치 및 접속장치는 보강 긴장재의 규격에 정해진 인장강도 값의 95%에 이르기 전에 유해한 변형이나 파단이 생기지 않는 것이어야 한다. 또한, 정착장치는 PTI(Post-Tensioning Institute) 또는 FIP(Federation International de la Precontrainte)와 같은 국제적인 기준에서 제시되고 있는 하중전달시험, 정적재하시험 및 동적재하시험 등의 조건을 만족 또는 동등한 품질을 가져야 한다.

(12) 정착장치는 긴장재의 긴장력을 안전하고 정확하게 기존 부재에 전달할 수 있는 구조로 한다.

(13) 강재정착장치의 설계는 정착구 및 정착구와 전판의 용접부에 대한 용접검사를 실시하여야 한다.

3.3 보강설계

3.3.1 일반사항

(1) 보강설계는 탄성이론에 따르며 허용응력법을 기반으로 설계하되, 강도설계법을 적용하여 검토를 실시한다.

(2) 긴장 보강에 의한 정착구 주변 콘크리트에 발생하는 응력 집중은 보강 설계 시 검토하여야 한다.

(3) 긴장 보강을 위한 정착장치 및 방향 변환부의 위치는 사전조사를 통해 기존 거더의 손상을 최소화할 수 있는 위치로 선정하여야 한다.

(4) 기존 교량의 철근과 콘크리트의 강도 및 탄성계수는 설계도서 및 정밀안전진단 결과를 토대로 관련 규정에 따라 적용한다.

(5) 긴장 보강공법의 정착장치는 기존 교량의 상태에 적합한 지지방식으로 설계되어야 하며, 두 가지 이상의 응력 전달 경로를 갖는 지지방식을 중첩하여 설계하지 않는다. 다만, 검증된 실험에 의해 두 가지 지지방식의 중첩 효과가 충분히 확인된 경우에는 감독자와의 협의를 통해 중복 지지방식 공법을 고려할 수 있다.

정착장치는 긴장 보강공법에서 보강성능을 결정하는 매우 중요한 부재로 기존 부재와의 일체화 및 응력전달에 충분히 안전하여야 한다. 따라서 본 지침에서는 정착장치의 지지력은 단일 정착방식만을 고려하고 기타의 지지효과는 안전을 고려한 여유분으로 가정한다. 즉, 마찰지지 방식은 마찰력에 의해 모든 힘에 저항해야 하며 정착장치 설치를 위한 접착제, 인장강봉의 전단저항 등을 지지력으로 고려하지 않는다. 전단지지 방식에서도 마찬가지로 앵커의 전단력에 의해 모든 힘에 저항하도록 설계한다. 지압지지에서는 지압강도로 모든 힘에 저항하도록 설계하며, 설치된 앵커볼트 등에 의한 전단력과 중첩하여 설계하지 않는다. 표면매립 긴장방식에서도 앵커에 의한 전단지지만을 고려하며, 접착제와 콘크리트 지압에 의한 지지력은 설계에서 별도로 고려하지 않는다.

3.3.2 설계가정

긴장 보강공법의 설계를 할 때에는 설계 방법에 따라 다음의 가정을 따른다.

(1) 허용응력을 검토할 때 보강 긴장재에 발생하는 인장응력의 증가량 및 편심거리 변화에 의한 2차 효과를 고려하지 않아도 된다.

(2) 허용응력을 검토할 때 외부 보강 긴장재의 프리스트레스에 의한 단면력은 기존 거더의 내부 보강 긴장재와 같은 방법으로 산출한다.

(3) 허용응력을 검토할 때 보강 긴장재는 탄성체로 가정한다.

(4) 허용응력을 검토할 때 보강 긴장재는 유효단면에 고려하지 않아도 된다.

(5) 설계휨강도를 계산할 때 보강 긴장재의 비부착에 의한 변형률 감소 효과 및 편심거리 변화에 의한 2차 효과를 고려하여야 한다.

3.3.3 해석이론

(1) 부재설계에 이용하는 단면력은 3.3.2의 가정에 따라 탄성이론에 의해 산출하는 것을 표준으로 한다. 부재 강성은 콘크리트 전단면이 유효한 것으로 하여 PS 강재를 무시하고 산출하도록 한다.

(2) 외부 보강 긴장재의 프리스트레스에 의한 단면력은 내부 보강 긴장재와 같은 방법으로 산출한다.

(3) 프리스트레스 도입에 의한 구조물의 영향을 정확히 검토할 수 있도록 정밀한 구조해석이 필수적이다.

3.4 휨보강 설계

3.4.1 하중조합 및 강도감소계수

(1) 설계에 필요한 각종 하중조합 및 하중계수는 기존 교량에 대한 내하력평가에 사용된 것과 동일한 값을 사용한다.

(2) 이미 설치된 콘크리트 부재에 추가로 콘크리트를 타설하거나, 외부 보강 긴장재의 정착 장치 및 방향 변환부를 설치하는 경우에 추가되는 중량에 대해서는 이를 고정하중으로 고려하여야 한다.

3.4.2 허용응력

긴장 보강공법의 허용응력은 기본적으로 기존 교량에 대한 내하력평가에 사용된 것과 동일한 값을 사용하는 것을 원칙으로 하며, 내하력평가에 제시되지 않은 허용응력은 다음의 값을 적용한다.

(1) 보강 긴장재(강재)의 허용응력

① 긴장을 할 때 긴장재의 인장응력은 $0.80f_{pu}$ 또는 $0.94f_{py}$ 중 작은 값 이하로 하여야 한다. 또한 긴장재나 정착장치 제조자가 제시하는 최대값도 초과하지 않아야 한다.

② 프리스트레스 도입 직후에 긴장재의 인장응력은 $0.74f_{pu}$와 $0.82f_{py}$ 중 작은 값 이하로 하여야 한다.

③ 정착구와 커플러의 위치에서 긴장력 도입 직후 포스트텐션 긴장재의 응력은 $0.70 f_{pu}$ 이하로 하여야 한다.

(2) 보강 긴장재(탄소섬유복합재료)의 허용응력

긴장을 할 때 CFRP 긴장재의 인장응력은 $0.6f_{pu}$보다 작은 값 이하로 하여야 한다.

(3) 콘크리트의 허용응력

① 프리스트레스 도입 직후 시간에 따른 프리스트레스 손실이 일어나기 전의 응력

(가) 휨압축응력 : $0.6f_{ci}$

(나) 휨인장응력 : $0.25\sqrt{f_{ci}}$

(다) 단순지지 부재 단부에서의 인장응력 : $0.5\sqrt{f_{ci}}$

계산된 인장응력이 위의 (나) 또는 (다)의 값을 초과하는 구역에는 비균열 단면으로 가정하여 계산된 전체 인장력을 저항할 수 있는 추가 부착강재(프리스트레스트 되지 않은 강재 또는 프리스트레싱 강재)를 인장구역에 배치하여야 한다.

② 비균열등급 또는 부분균열등급 프리스트레스트 콘크리트 휨부재에 대해 모든 프리스트레스 손실이 일어난 후 사용하중에 의한 콘크리트의 휨응력은 다음 값 이하로 하여야 한다. 이때 단면 특성은 비균열 단면으로 가정하여 구한다.

(가) 압축연단응력(유효프리스트레스+지속하중) : $0.45f_{ck}$

(나) 압축연단응력(유효프리스트레스+전체하중) : $0.60f_{ck}$

③ 시험 또는 정밀한 해석에 의하여 안전성이 확인된 경우에는 위 ①과 ②에 규정된 허용응력을 초과할 수 있다.

④ 피로 또는 부식성 환경에 노출되어 있지 않는 프리스트레스트 콘크리트 휨부재에는 인장최연단에 배치된 부착철근의 간격은 아래 식에서 규정한 간격을 초과하지 않아야 한다. 그러나 피로상태나 또는 부식성 환경에 노출되어 있는 부재에 대해서는 특별한 조사와 다음 (가), (나), (다)의 조치를 강구하여야 한다. 콘크리트 인장연단에 가장 가까이에 배치되는 철근의 중심간격 s 역시 아래 식에 의해 계산된 값 중에서 작은 값 이하로 하여야 한다.

$$s = 375\left(\frac{K_{cr}}{f_s}\right) - 2.5C_c \qquad \langle\text{식 3.1}\rangle$$

$$s = 300\left(\frac{K_{cr}}{f_s}\right) \qquad \langle\text{식 3.2}\rangle$$

(가) 간격은 비긴장 보강재와 부착긴장재의 간격 요구조건을 만족하여야 한다. 부착긴장재의 간격은 비긴장 보강재에 대해 허용되는 최대 간격의 2/3를 초과하

지 않아야 한다. 간격 요구조건을 만족시키기 위해 철근과 긴장재 사이의 간격은 위의 (2) 콘크리트의 허용응력의 ④에서 허용한 간격의 5/6를 초과하지 않아야 한다.

(나) 긴장재에 위 식을 적용할 때는 f_s를 $\triangle f_{ps}$로 대체하여야 한다. 여기서 $\triangle f_{ps}$는 사용하중을 받을 때 균열단면해석으로 계산한 긴장재의 응력에서 감압응력 f_{dc}를 뺀 값이다. 이때 f_{dc}를 긴장재의 유효프리스트레스응력 f_{pe}와 같게 취할 수 있다.

(다) 위 식을 적용할 때 $\triangle f_{ps}$는 250MPa 초과하지 않아야 한다. $\triangle f_{ps}$가 140MPa 이하일 때는 위 (가)와 (나)에서 정한 간격요구조건을 적용하지 않는다.

(라) 깊이가 900mm를 초과하는 보는 종방향 표피철근을 인장단면으로부터 부재 양쪽 측면을 따라 균일하게 배치하여야 한다. 이때 표피철근의 간격 s는 위의 (2) 콘크리트의 허용응력의 ④에 따라 결정하며, 여기서, C_c는 표피철근의 표면에서 부재 측면까지 최단 거리이다. 개개의 철근이나 철망의 응력을 결정하기 위하여 변형률 적합조건에 따라 해석을 하는 경우, 이러한 철근은 강도계산에 포함될 수 있다.

⑤ 균열 응력 : 실험으로부터 얻은 콘크리트의 휨인장강도(파괴계수)를 사용하되, 실험 자료가 없을 경우에는 다음 값을 적용한다.

(가) 보통콘크리트 : $0.63\sqrt{f_{ck}}$

(나) 부분 경량 콘크리트 : $0.54\sqrt{f_{ck}}$

(다) 전 경량 콘크리트 : $0.47\sqrt{f_{ck}}$

⑥ 정착부의 지압 응력 : 포스트텐션 부재의 정착장치는 국제적으로 통용되는 정착장치 인증시험을 거치는 경우 별도의 지압검토를 하지 않아도 무방하나, 시험으로 증명되지 않은 정착장치에 의해 발생되는 콘크리트의 지압응력은 다음 값 이하로 하여야 한다.

(가) 긴장재 정착 직후 : $0.70f_{ci}\sqrt{\dfrac{A_b{}'}{A_b}} - 0.2 \leq 1.10f_{ci}$

(나) 프리스트레스 손실 발생 후 : $0.50f_{ck}\sqrt{\dfrac{A_b{}'}{A_b}} \leq 0.9f_{ck}$

해설

인장을 할 때 보강 긴장재에 발생하는 인장응력은 재킹력에 기인한 것으로서 재킹력은 긴장 보강공법을 위한 정착구에 대한 허용응력 설계 검토시의 설계하중으로 사용된다. 단, 휨강도를 산정할 때에는 외부 긴장재의 인장강도를 정착구 설계하중으로 사용해야 한다. 설계의 경우 정착구 크기 문제로 인해 구조물 파괴 시 또는 인장강도까지가 아닌 도입 긴장력까지 정착구를 설계한 경우 정착구의 조기 탈락에 따라 보강 성능이 감소할 여지가 있다.

〈그림〉 긴장 보강공법의 문제점

외부 긴장재를 위해 추가로 정착장치를 설치할 때, 적절한 철근이 배치된 경우에만 적용할 수 있다. 따라서, 추가 철근배치 없이 강재 정착구만을 설치했을 때에는 여기서 규정한 허용지압응력을 적용할 수 없다. 추가 철근배치 없이 정착구만 설치했을 경우의 허용지압응력은 다음 식에 의해 검토한다.

$$f_{ba} = 0.25 f_{ck} \sqrt{\frac{A_1}{A_2}} \leq 0.5 f_{ck}$$

3.4.3 프리스트레스 손실

(1) 추가되는 보강 긴장재의 긴장력 손실을 고려해야 한다.

(2) 보강 긴장재에 대한 긴장작업 직후의 초기 긴장력은 보강 긴장재 인장단에 대한 다음의 영향으로 인한 손실을 고려하여 계산하여야 한다.

① 정착장치의 활동에 의한 손실량

② 보강 긴장재와 방향 변환부의 마찰에 의한 손실량

③ 콘크리트의 탄성수축에 의한 손실량

(3) 보강 긴장재 긴장작업 후의 시간에 따라 발생하는 손실량은 보강 긴장재의 릴렉세이션에 의한 손실량 등을 고려하여 계산하여야 한다. 다만, 기존 교량이 장기재령 상태에 있는 경우 감독자와 협의하여 기존 교량 콘크리트의 크리프 및 건조수축의 영향은 생략할 수 있으며, 이 경우에도 릴렉세이션에 의한 손실량은 반드시 고려해야 한다.

해설

(3)에 대하여

유효프리스트레스의 계산에 있어서 기존부재의 콘크리트가 충분한 재령을 갖고 있는 경우 콘크리트의 크리프나 건조수축 발생이 유의할 정도로 크지 않을 수 있기 때문에 장기재려인 경우, 감독자와 협의하에 크리프나 건조수축의 영향을 고려하지 않을 수 있도록 했다. 다만 크리프나 건조수축의 영향을 고려하지 않을 경우에는 겉보기 릴렉세이션은 커지는 경향이 있으므로 릴렉세이션의 경우에는 생략할 수 없도록 규정했다.

3.4.4 휨보강 설계 및 검토

(1) 휨에 대해서는 구조물의 계수모멘트에 대한 기존 구조물의 설계 휨강도의 부족분만큼을 보강재에 의해 보강하는 것으로 한다.

(2) 보강설계 휨강도 계산은 KDS 14 20 기준에 따라야 한다.

(3) 사용하중에 의해 부재에 발생하는 응력은 허용응력 이하여야 한다.

(4) 휨강도에 대해서는 교량의 계수모멘트에 대한 기존 교량의 설계휨강도의 부족분 만큼을 보강재에 의해 보강하는 것으로 한다.

(5) 설계휨강도 계산은 콘크리트구조기준의 강도설계법에 따라야 한다. 이때 프리스트레싱 긴장재의 응력은 f_y 대신 f_{ps}를 사용하여야 한다.

> **해설**
>
> 내하력의 향상을 목표로 하는 경우 목표하는 공용내하력을 확보하기 위한 거더 하연의 압축
> 응력 필요량을 산정하고 유효 프리스트레스를 고려하여 보강량을 결정한다.
>
> 1) 거더 하연 소요응력 계산
>
> $$RF = \frac{f_a - f_d - f_{pe} - f_{pexp}}{f_l}$$
>
> 2) 필요 외부긴장력 산정
>
> $$P_{exp}\left(\frac{1}{A_c} + \frac{e_p}{Z_b}\right)$$

3.4.5 보강 후 내하력 검토

3.4.5.1 허용응력설계법에 의한 공용 내하력 평가

허용응력법에 의한 내하율 산정 시 하중조합은 $D + L(1+i)$를 사용하므로 하중계수
는 각각 1.0이 된다. 사용재료의 허용응력은 강재의 경우 사용재료에 따른 항복응력을 사용
하여 '도로교설계기준(한국도로교통협회, 2010)'의 규정에 의거 부재 종류에 따라 결정한
다. 고정하중과 활하중에 의한 응력은 대상 부재단면에 있어서 철근 및 강재부식, 콘크리트
의 탄산화, 염해, 동해 등에 의한 강도저하와 단면손실 등을 고려하여 계산한다. 이때 고정
하중은 현재 교량에 작용하고 있는 모든 고정하중을 가능한 정확히 고려한다. 활하중은
현행 도로교설계기준의 설계활하중을 사용한다.

$$기본내하율(RF) = \frac{f_a - f_d}{f_l(1 + i)} \qquad \langle식\ 3.3\rangle$$

여기서, f_a : 허용응력

f_d : 고정하중에 의한 응력

f_l : 설계활하중에 의한 응력

i : 도로교설계기준의 설계 충격계수

$$공용내하율(SRF) = K_s \times RF$$
$$공용내하력(P) = SRF \times P_r \qquad \langle식\ 3.4\rangle$$

여기서, K_s : 응답보정계수, $K_s = \dfrac{\delta_{계산}}{\delta_{실측}} \cdot \dfrac{1+i_{계산}}{1+i_{실측}}, \dfrac{\epsilon_{계산}}{\epsilon_{실측}} \cdot \dfrac{1+i_{계산}}{1+i_{실측}}$

$\quad i_{계산}$: 도로교설계기준의 설계 충격계수

$\quad i_{실측}$: 실측 최대 충격계수

$\quad \delta_{계산}(\epsilon_{계산})$: 이론적인 처짐량(변형률)

$\quad \delta_{실측}(\epsilon_{실측})$: 실측 처짐량(변형률)

$\quad P_r$: 설계활하중

3.4.5.2 강도설계법에 의한 공용내하력 평가

강도설계법에 의한 내하율 산정 시 하중조합은 $1.3D + 2.15L(1+i)$를 사용하므로 하중계수는 각각 1.3, 2.15가 된다. 단면강도는 단면의 현재 상태, 즉 재료강도와 단면손실 등을 고려하여 도로교설계기준의 공칭강도와 강도감소 계수에 따라 계산한다. 교량 설계에서 부재강도 감소계수는 부재강도의 산정에 있어서 재료강도에 대한 불확실성, 설계와 시공단면의 오차 등을 고려하기 위한 계수이다. 그러나 내하력 평가에서는 이러한 불확실성이 상당히 감소하므로 오히려 공용 중에 부재단면의 손상정도에 따라 결정한다. 그런데 부재단면의 손상정도를 정량적으로 평가하기가 어려우므로 공칭강도의 산정은 교량의 현재 상태에 따른 단면감소와 코어 강도에 따른 재료강도를 고려하고 강도감소계수는 설계에서의 값을 그대로 사용한다. 고정하중과 활하중에 의한 단면력은 현재 작용하고 있는 고정하중과 현행 도로교설계기준의 설계활하중을 사용하여 구조해석을 통하여 산출한다.

$$\text{기본내하율}(RF) = \dfrac{\phi M_n - \gamma_d M_d}{\gamma_l M_l (1+i)} \qquad \langle\text{식 3.5}\rangle$$

여기서, ϕM_n : 극한저항모멘트(강구조 1.0, RC/PSC구조 0.85)

$\quad M_d$: 고정하중 모멘트

$\quad M_l$: 설계활하중에 의한 모멘트

$\quad \gamma_l$: 활하중 계수(2.15)

$\quad \gamma_d$: 고정하중 계수(1.30)

$\quad i$: 도로교설계기준의 설계 충격계수

$$공용내하율(SRF) = K_s \times RF$$

$$공용내하력(P) = SRF \times P_r$$

여기서, K_s : 응답보정계수, $K_s = \dfrac{\delta_{계산}}{\delta_{실측}} \cdot \dfrac{1 + i_{계산}}{1 + i_{실측}}, \dfrac{\epsilon_{계산}}{\epsilon_{실측}} \cdot \dfrac{1 + i_{계산}}{1 + i_{실측}}$

$\quad i_{계산}$: 도로교설계기준의 설계 충격계수

$\quad i_{실측}$: 실측 최대 충격계수

$\quad \delta_{계산}(\epsilon_{계산})$: 이론적인 처짐량(변형률)

$\quad \delta_{실측}(\epsilon_{실측})$: 실측 처짐량(변형률)

$\quad P_r$: 설계활하중

해설

교량의 휨강성을 보강하기 위한 휨보강 설계절차는 다음과 같다.

1) 소요강도(계수모멘트) M_u의 계산

기존 교량이 보강 후 부담하여야 할 하중을 고려하여 계수모멘트 M_u를 산정한다. M_u 산정에 필요한 고정하중은 '콘크리트구조설계기준(1999)'에 따라 설계도면이나 기타 근거자료를 바탕으로 결정하며, 활하중은 책임기술자 또는 감독자에서 요구하는 수준의 설계활하중이나 규제차량의 하중을 이용한다. 즉, 만일 1등급 교량으로의 보강을 목표로 설계되는 경우에는 DB24 차량하중을 설계활하중으로 적용한다. 각종 하중계수와 충격계수 등은 '콘크리트구조설계기준(1999)'의 값을 적용한다.

2) 설계 휨강도 ϕM_n 계산

적정 보강량을 설계하기 위하여 보강되지 않은 기존 교량의 설계 휨강도를 계산한다. 설계강도는 강도감소계수 ϕ와 부재의 공칭강도 M_n으로 나타내며, 강도감소계수는 콘크리트구조기준에 따라 휨에 대해서 0.85를 적용한다.

3) 소요강도와 설계강도의 비교

보강이 필요한 설계강도의 부족량은 다음 식에 의해 계산한다.

$$보강소요강도 = M_u - \phi M_n$$

만일 교량의 설계 휨강도가 계수모멘트를 초과하는 경우에는 휨내하력을 증진시키는 보강은 필요 없다.

프리스트레스 휨부재의 설계강도는 철근 콘크리트 부재의 설계강도 계산 시 사용하는 식과

같은 형태를 취한다.

예를 들어 사각형 단면 또는 중립축이 압축 플랜지 내에 있는 플랜지를 갖는 단면에 대한 보강 설계휨강도는 다음과 같이 계산한다.

$$\phi M_n = \phi \left[A_p f_{ps}\left(d_p - \frac{a}{2}\right) + A_s f_y\left(d - \frac{a}{2}\right) + A_p^{ext} f_{ps}^{ext}\left(d_p^{ext} - \frac{a}{2}\right) \right]$$

여기서, $a = \dfrac{A_{ps} f_{ps} + A_s f_y + A_p^{ext} f_{ps}^{ext}}{0.85 f_{ck} b}$

인장측에 철근을 배치하지 않았거나, 배치했더라도 그 영향을 무시할 수 있는 경우에는 다음과 같이 계산한다.

$$\phi M_n = \phi \left[A_p f_{ps}\left(d_p - \frac{a}{2}\right) + A_p^{ext} f_{ps}^{ext}\left(d_p^{ext} - \frac{a}{2}\right) \right]$$

여기서, $a = \dfrac{A_{ps} f_{ps} + A_p^{ext} f_{ps}^{ext}}{0.85 f_{ck} b}$

3.5 정착부 및 방향전환부 설계

3.5.1 설계 일반

(1) 정착장치 및 방향 변환부는 기존 구조물의 철근 및 보강 긴장재의 위치를 고려하여 최대한 효과적인 위치에 설치하는 것으로 한다.

(2) 정착장치는 외부 보강 긴장재의 프리스트레스를 안전하고도 정확히 기존 구조물에 전달할 수 있는 구조로 한다.

(3) 정착부에 대한 허용응력을 검토할 때에는 외부 보강 긴장재에 대한 긴장력을 설계력으로 적용하며, 정착부의 강도 검토 시에는 외부 보강 긴장재의 인장강도를 설계력으로 적용한다.

(4) 정착부의 용접단면이 축방향력 또는 전단력을 받는 경우 용접이음의 응력은 KDS 24 14 30 강교설계기준(허용응력설계법)에서 제시하는 표 4.2-1 용접부 허용응력보다 작아야 한다.

해설

정착판과 콘크리트와의 마찰에 의해 외부 긴장재의 프리스트레스를 지지하는 정착구를 고려하는 경우에는 충분한 마찰력을 확보할 수 있는 구조로 설계되어야 하며, 정착판에 의한 압축력이 콘크리트의 지압강도를 초과하지 않도록 설계되어야 한다.

정착판이 거더 단부를 지압하는 형식으로 외부 긴장재의 프리스트레스를 지지하는 정착장치를 고려하는 경우에는 지압판을 통해 기존 거더의 단부로 전달되는 프리스트레스 힘에 의해 단부 콘크리트가 지압파괴를 일으키지 않도록 충분한 크기로 설계되어야 한다.

인양홀에 강봉을 삽입하여 외부 긴장재의 프리스트레스를 지지하는 정착구를 고려하는 경우에는 프리스트레스에 의해 발생하는 강봉의 전단응력이 허용응력을 초과하지 않도록 설계해야 하며, 또한 강봉에 의한 인양홀 주변의 지압응력도 허용응력을 초과하지 않도록 설계해야 한다.

한편 외부 긴장재에 도입된 프리스트레스에 따라 정착구에는 국부적인 인장력이 발생하게 되어 정착구에 변형이 발생할 수 있다. 정착구에 발생한 변형은 외부 긴장재의 프리스트레스를 정확히 거더로 전달하지 못하게 될 뿐 아니라 정착장치 활동에 의한 추가 손실이 발생하게 되므로 사용하중하에서 변형이 발생하지 않도록 충분한 강성을 갖도록 설계해야 한다.

3.5.2 정착구 및 방향전환부의 위치 선정

(1) 정착구 위치는 기존 거더의 철근 및 보강 긴장재의 위치를 고려하여 최대한 효과적인 위치에 설치하는 것으로 한다.

(2) 긴장 보강공법을 위한 정착구 및 새들의 위치는 사전조사를 통해 기존 거더의 손상을 최소화 할 수 있는 위치로 선정해야 한다.

(3) 상시 작용하는 변동하중에 의한 변동응력이 정착구 혹은 새들의 피로한도에 비해 문제가 될 때에는 정착구나 새들은 휨모멘트의 변동이 적은 단면 혹은 단면의 중립축 근방과 같이 변동응력이 작은 곳에 배치해야 한다.

해설

긴장 보강을 위한 정착구 및 방향전환부의 위치는 보강 시스템에 의한 역학 시스템, 외부 긴장재의 비부착으로 인한 2차 효과의 감소 등을 위해 조정될 수 있으나, 기본적으로 기존 거더의 PS 강재 및 철근에 대한 손상을 최소화 할 수 있는 위치에 설치되는 것이 원칙이다. 따라서, 기존 거더에 대한 PS 강재 및 철근의 위치를 설계도면 및 비파괴 검사 등을 통해 정확히 추정한 후 긴장 보강을 위한 정착구 및 방향전환부의 위치를 선정해야 한다.

3.5.3 마찰지지방식의 정착부

(1) 지압판과 콘크리트에 작용하는 마찰계수는 0.5로 하며, 실험에 의하여 구한 마찰계수를 사용할 수 있다.

(2) 외부 보강 긴장재를 정착하는데 있어 정착장치에 의해 콘크리트에 발생하는 지압응력은 허용지압응력 이하이어야 한다.

(3) 마찰지지 정착구의 설계력은 보강 긴장재의 파단하중까지로 하며, 단일 힘에 의한 성능만을 고려하므로 강봉 도입 긴장력에 의한 마찰 지지력만을 반영한다.

(4) 콘크리트의 설계지압강도는 $\phi(0.85f_{ck}\sqrt{A_2/A_1})/A_1$ 을 초과할 수 없다.

해설

긴장된 강봉의 힘으로 지탱할 수 있는 외부 프리스트레스 힘은 지압판과 콘크리트의 마찰저항 거동에 관계한다. 따라서, 강봉에 도입되는 긴장력은 보강성능에 중요한 역할을 한다. 마찰저항력, 외부 긴장재의 프리스트레스 힘 및 강봉의 프리스트레스 힘의 관계는 다음 식과 같다. 정착부에서 허용되는 도입 프리스트레스 힘의 한계는 다음과 같이 나타낼 수 있으며 도입 프리스트레스 힘은 이보다 클 수 없다.

$$\frac{P_b \cdot \mu}{\phi} \geq P_u$$

여기서, P_b : 강봉의 프리스트레스 힘

P_u : 외부 긴장재의 설계기준인장하중

μ : 마찰계수($=0.5$)

ϕ : 활동에 대한 안전계수(≥ 1.0)

3.5.4 전단지지방식의 정착부

(1) 앵커에 발생하는 전단응력 및 지압응력은 KDS 24 14 30 강교설계기준(허용응력설계법) 및 도로교설계기준 3.3.2의 허용응력을 초과할 수 없다.

(2) 인양홀의 콘크리트 단면에 발생하는 지압응력 및 저판에 작용하는 상향력에 의해 콘크리트에 발생하는 지압응력은 콘크리트의 허용지압응력 이하이어야 한다.

(3) 콘크리트의 설계지압강도는 $\phi(0.85f_{ck}\sqrt{A_2/A_1})/A_1$ 을 초과할 수 없다.

(4) 정착판의 용접부에 작용하는 응력은 KDS 24 14 30 강교설계기준(허용응력설계법)의 용접부의 허용응력을 나타낸 표 4.2-1을 만족하여야 한다.

3.5.5 지압지지방식의 정착부

(1) 외부 보강 긴장재를 정착하기 위한 정착장치에 의해 콘크리트에 발생하는 지압응력은 허용지압응력 이하이어야 한다.

(2) 콘크리트의 설계지압강도는 $\phi(0.85f_{ck}A_1)$을 초과할 수 없다.

(3) 단부판과 버팀판의 용접부에 작용하는 응력은 3.10.5.1(4)에 나타낸 KDS 24 14 30 강교설계기준(허용응력설계법)에 제시된 허용응력을 초과할 수 없다.

(4) 강봉에 발생하는 전단응력은 KDS 24 14 30 강교설계기준(허용응력설계법)의 허용응력을 초과할 수 없다.

해설

사용하중 상태에서 정착부의 거동을 검토하고자 할 때에는 외부 긴장재에 대한 재킹력을 설계력으로 하여 정착장치의 용접 검토, 정착부 콘크리트의 지압응력 검토 등을 실시한다. 또한 정착부의 강도를 검토할 때에는 콘크리트구조기준에 따라 긴장재의 인장강도를 발휘할 수 있도록 설계하여야 한다. 검토해야 하는 대표적인 지압구역은 아래 그림과 같다.

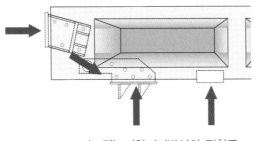

〈그림〉 지압지지방식의 정착구

3.5.6 방향 변환부의 설계

(1) 방향 변환부는 설치장소에 따라서 보강 긴장재로부터 받는 하중이 다르기 때문에 그 작용력을 정확히 산출하여 방향 변환부의 설계반력으로 한다.

(2) 방향 변환부는 보강 긴장재 구조의 기능을 확보시키기 위하여 설치하는 것이므로 외부 보강 긴장재에 의한 상향력을 구조물에 충분히 전달할 수 있는 구조로 한다.

(3) 보강 긴장재의 방향 변환부에서 휨반경은 최소 휨반경을 확보하는 것이 바람직하지만 보강 긴장재 강재가 안전한 것이 확인되면 작게 해도 좋다.

3.6 정착구 설치용 앵커

(1) 앵커는 정착구 설계력의 100% 지지하는 것으로 한다.

(2) 정착구를 거더에 밀착시켜 마찰력으로 외부 프리스트레스를 지지하는 방식에서 앵커는 외부 긴장재의 프리스트레스를 지지하지 않는 것으로 한다.

(3) 긴장 보강에 의해 앵커 1개당 작용하는 전단응력 및 지압응력은 앵커의 허용응력을 초과할 수 없다.

(4) 설치된 앵커볼트에서 개개 앵커볼트에 대한 콘크리트의 설계저항값은 다음과 같다.

$$N_{Rd} = N_{Rd}^{o} \times f_T \times f_B \times f_A \times f_R \qquad \langle 식\ 3.6 \rangle$$

여기서, N_{Rd} : 설계저항값

f_T : h_{act}/h_{min}(실제 삽입깊이/최소 삽입깊이)

f_B : 콘크리트의 압축강도

f_A : 앵커볼트 간 거리의 영향

f_R : 구조재의 모서리 거리 영향

> **해설**
>
> 앵커가 기본적으로 외부 프리스트레스를 지지하지 않지만, 지지력을 분담할 필요가 있을 경우에 최소 앵커수 산정은 사용하고자 하는 앵커 선정 후 분담해야 할 지지력에 대하여 필요 앵커 개수를 산정한다.

$$n = \frac{P_i}{v_{a1} \times A}$$

여기서, P_i : 앵커가 분담해야 하는 힘($\leq \frac{1}{2}P_u$)

$\quad\quad v_{a1}$: 앵커 1개의 허용전단응력

$\quad\quad A$: 앵커 1개의 단면적

$\quad\quad n$: 앵커 개수

1) 삽입깊이(f_T)

앵커의 하중 능력의 크기는 사용될 앵커의 최소로 규정된 h_{min} 삽입깊이로 설치되었을 때 시험을 통해 산정되어야 한다. 앵커의 깊이가 증가될 때 인발력을 받는 모재 부피의 증가로 인발력이 증가된다. 그러나 앵커의 허용하중이 초과하지 않도록 확실한 주의가 요구된다. 만일 특별설계에 의한 삽입깊이의 증가가 요구되면 앵커절단에 대해 점검하고 모서리거리 와 앵커간의 거리효과를 다시 계산하여야 한다.

2) 콘크리트의 압축강도(f_B)

앵커볼트의 하중능력은 콘크리트의 압축강도 f_{ck}와 관련 있다. 콘크리트의 다른 강도에 대한 하중은 앵커의 종류에 따라 주어진 식에 의해 계산될 수 있다.

3) 앵커 간 거리의 영향(f_A)

기계적 또는 접착 앵커를 포함한 모든 앵커는 설치될 때 그 주위의 모재를 차지하게 된다. 앵커가 설치되거나 하중이 가해질 때 발생되는 압축영역은 앵커의 특성이며 발생되는 하중은 분산되어야 한다. 만일 앵커가 다른 앵커에 근접하게 위치하면 두 압축영역이 서로 중첩하게 되어 이것은 두 앵커의 하중능력을 감소시킨다. 만일 몇 개의 앵커가 서로 근접하게 위치한다면 앵커 간의 거리에 의한 영향계수의 합이 고려되어야 한다.

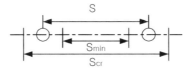

〈그림〉 앵커볼트의 간격

4) 구조재의 모서리거리 영향(f_R)

모재의 넓이와 길이는 모서리거리 제한에 기준이하로 떨어져서는 안 된다. 모서리거리가 규정값보다 작을 때 감소계수를 고려해야 한다. 콘크리트 성분의 모서리에서 모서리거리가 같거나 C_{cr} 이하라면 앵커하중의 0.25배가 되는 보강재를 사용하여야 한다.

제4장 부착 보강공법

4.1 일반사항

4.1.1 일반사항

　본 지침은 노후 콘크리트 교량의 휨강도를 보강하기 위한 부착 보강공법의 설계와 관련한 기본적인 설계 규정을 나타낸다.

4.1.2 부착 보강공법 설계 흐름

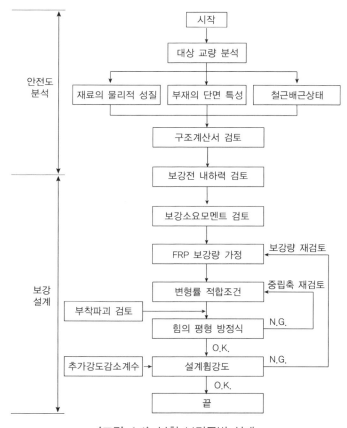

〈그림 4.1〉 부착 보강공법 설계

부착 보강공법의 기본적인 설계흐름은 일반적인 콘크리트 구조물의 휨설계와 동일하게 이루어진다. 다만, 기존 콘크리트와 보강재료와의 부착파괴 검토와 교량 휨강도에 기여하는 보강재의 강도 기여분에 대한 추가 검토가 필요하다.

4.1.3 적용규정

(1) 본 지침은 보강재를 기존 콘크리트 교량의 휨인장면의 표면에 부착 또는 매립하여 구조물의 휨강도를 보강하는 부착 보강공법의 설계에 적용한다.

(2) 본 지침은 교량의 철근콘크리트 주형, 슬래브, 바닥판 등 휨보강이 필요한 부재에 적용한다.

(3) 본 지침에서 규정하지 않은 사항에 대해서는 기본적으로 국내 상위 기준인 '콘크리트구조설계기준', '도로교설계기준'을 준용하며, ISO 등 관련 국제규격, 국외기준을 준용할 수 있다.

(4) 본 지침은 실험과 국내외 문헌조사를 통해 부착 보강공법에 있어서 효과적인 보강성능 확보를 위해 필요한 최소한의 요구조건을 제시한 것이다. 본 지침에서 다루지 않는 보강재에 대해서도 신뢰성 있는 시험결과가 있는 경우에는 책임기술자와 협의하여 관련 규정을 준용하여 사용할 수 있다.

4.1.4 기호

A_f	부착된 보강재의 단면적	mm^2
A_s	기존 휨부재의 인장철근량	mm^2
C_E	섬유보강복합재료의 환경감소계수	
c	압축연단에서 중립축까지 거리	
d	인장철근의 유효깊이	mm
d_f	보강재 단면중심까지의 유효깊이	mm
E_f	보강재의 탄성계수	MPa
f_{ck}	콘크리트의 설계기준압축강도	MPa
f_{fe}	보강재의 유효응력	MPa
f_y	인장철근의 항복응력	MPa

f_{fu}	보강재 설계용 인장강도	MPa
f_{fu}^{*}	보강재 실험극한 인장강도	MPa
$f_{c,s}$	사용하중 작용 시 콘크리트 압축응력	MPa
f_{s}	인장철근 응력	MPa
$f_{s,s}$	사용하중 작용 시 인장철근 응력	MPa
l_{df}	보강재 부착길이	mm
M_{cr}	단면의 균열모멘트	N·mm
M_{n}	단면의 공칭휨강도	N·mm
M_{u}	단면의 계수휨모멘트	N·mm
$\varnothing M_{n}$	단면의 설계휨강도	N·mm
n	보강재의 적층수	
T_{g}	유리전이온도	°C
t_{f}	보강재의 1개 층에 대한 두께	mm
β_{1}	등각직사각형 응력블록과 관계된 계수	
ϵ_{bi}	보강 전 초기변형률	mm/mm
ϵ_{cu}	콘크리트 압축단의 최대 압축변형률	mm/mm
ϵ_{fd}	박리 파괴 시 보강재 변형률	mm/mm
ϵ_{fe}	보강재 유효변형률	mm/mm
ϵ_{fu}	보강재 설계용 변형률	mm/mm
$\epsilon^{*}{}_{fu}$	보강재의 극한 변형률	mm/mm
ϵ_{s}	인장철근 변형률	mm/mm
ϵ_{sy}	인장철근 항복변형률	mm/mm
ϵ_{t}	공칭강도에서의 인장철근 변형률	
$\varnothing$	강도감소계수	
ψ_{f}	보강재의 추가강도감소계수	

4.2 사용재료

4.2.1 재료의 구성

부착 보강공법에 적용되는 재료는 기존 콘크리트면 평탄화 등 표면처리를 위한 프라이머, 퍼티 등과 보강재와 기존 콘크리트면의 부착을 위한 수지, 모르터 등의 접착제 및 강판, 섬유보강복합재료와 같은 보강재로 구성된다.

4.2.2 재료의 성능

(1) 콘크리트 표면에 부착 또는 매립되는 보강재는 한국산업규격 또는 이와 동등한 실험에 의한 시험자료 또는 실제 시험에 의하여 품질성능을 확인한 후 사용한다. 섬유보강복합재료를 보강재로 사용하는 경우 기본적으로 다음 표 4.1과 같은 품질기준을 만족해야 한다.

〈표 4.1〉 섬유보강복합재료의 성능기준 및 시험방법

항목			성능기준	시험방법
재료 성능	물리적 성능	섬유량	제조사 기준값 이상	KS M ISO 11667
		선열팽창계수	제조사 설계값 이상	KS M ISO 11359-2
	역학적 성능	인장 특성 / 설계인장강도	제조사 설계값 이상	ASTM D 3039
		탄성계수	제조사 설계값 이상	
		파단신율	제조사 설계값 이상	
		내구성 / UV 저항성	설계기준강도 90% 이상	KS F 2274
		내화학성	설계기준강도 90% 이상	KS M 3083
콘크리트 부착성능		접착강도	콘크리트 파괴	KS F 4936

(2) 보강재를 현장제작 또는 주문제작하는 경우 제작 오차에 따른 품질 편차가 발생할 수 있으므로 시공 전에 반드시 보강재에 대한 품질성능을 확인하여야 한다. 섬유보강복합재료를 보강재로 활용하는 경우에는 보강재의 두께, 섬유량, 복합재 제작 시 온도 등에 따라 품질 편차가 발생하기 때문에 설계에 반영된 것과 동일한 두께, 섬유함유량 등 일치하는 규격의 제품에 대한 품질성능 확인이 반드시 필요하다.

본 지침에서 섬유보강복합재료 보강재에 대해 수행한 성능시험 결과에 따르면, 섬유복합재료의 제조방법에 따라 제조사 설계값과 실제 시험결과값의 편차가 발생하는 것으로 나타났다. 특히, 단위 두께로 실험된 결과를 설계값으로 사용하는 제조사 제시 강도는 두께에 따라 시험결과와의 차이가 크게 발생하는 것으로 나타났다. 따라서, 보강설계에서는 보강재의 실제 두께에 따른 역학적 특성값을 반드시 확인해야 한다.
부착보강공법은 설계값 및 실험값이 33.4~76.5% 차이가 발생하며, 표면매립공법은 93.8~109.3% 차이가 발생하는 것을 확인할 수 있다.

(3) 부착 보강공법에 사용되는 함침·접착용 수지, 퍼티, 프라이머 등 각종 재료는 시험에 의한 시험자료 또는 실제 시험에 의하여 품질성능을 확인한 후 사용하여야 한다. 수지 등의 고분자 화합물의 품질성능은 양생온도, 계량오차에 따라 달라지므로 현장조건에 맞추어 충분히 그 성능을 발휘할 수 있는 것을 확인해야 하며 제조사에서 제시한 설계기준값 이상의 성능이 확보된 것을 사용해야 한다.

(4) 보강재의 정착을 위해 사용되는 정착구와 보강대상 구조물을 물리적으로 연결하는 앵커의 품질은 콘크리트용 앵커 설계기준(KDS 14 20 54)을 준용하여 설계한다.

4.3 보강한계

4.3.1 연성 설계

(1) 기본적으로 부착 보강공법은 휨인장강도를 보강하여 성능을 향상시키는 공법으로 과도한 휨인장보강에 의해 압축파괴 또는 전단파괴와 같은 취성파괴가 발생하는 것을 방지할 필요가 있다. 또한 외부에 노출된 보강시스템이 사고나 재난에 의해 훼손되는 사고가 발생하더라도 재하된 하중에 의해 취성파괴가 발생하지 않도록 특정 수준 이상의 보강은 제한할 필요가 있다.

(2) 연성이나 사용성을 고려하면 기존 휨성능의 40% 이상 보강되지 않도록 하는 것이 적절하다.

본 연구에서 수행한 실험에 따르면 부착 보강공법은 기본적으로 부착파괴 등의 취성파괴가 발생하는 것으로 확인되었다. 특히, 섬유보강복합재료를 보강재료로 사용하는 경우 항복점이 없는 재료가 가진 취성적 특성으로 인해 일반적인 철근 인장재를 갖는 철근콘크리트 부재에 비해 연성설계에 어려움이 있다. 본 기준에서는 보수적인 설계를 유도하여 가급적 설계값 이후에 에너지 흡수량을 최대한 확보할 수 있도록 설계 방향을 설정하고 있다.

휨성능의 경우 실험연구에 따르면, 부착공법 보강량에 따라 10~160%까지 증가하지만 연성이나 사용성을 고려하면 40% 내외까지의 보강이 적절한 것으로 판단된다.

4.3.2 보강한계

(1) 부착 보강공법의 보강한계는 공법의 특성상 외부에 노출된 형태로 시공되는 보강재가 차량 또는 선박의 충돌, 인위적인 물리적 손상 등과 같은 예기치 못한 사고에 의해 파괴되어 보강성능을 상실하더라도 기존 교량이 붕괴되는 것을 방지하도록 제한한다.

(2) 본 기준에서는 보강설계하중에 의한 계수휨모멘트가 기존 교량의 휨강도를 초과하지 못하도록 제한하며, 보강한계 검토에 사용되는 하중계수는 고정하중과 활하중에 대해 각각 1.1과 0.75를 적용한다.

$$U_{limit} = 1.1D_{new} + 0.75L_{new} \qquad \langle \text{식 } 4.1\rangle$$

$$(\phi M_n)_{existing} \geq (M_u)_{limit} \qquad \langle \text{식 } 4.2\rangle$$

(3) 부착 보강공법을 적용할 수 있는 기존 교량의 최소 콘크리트의 압축강도는 17MPa 이상으로 한다. 콘크리트 인장강도의 경우에는 pull-off 시험에 의한 인장강도가 최소한 1.4MPa 이상이어야 한다.

교량에 지진, 충돌 등 비정상적인 사건이 발생할 경우 최대 하중의 발생 확률은 낮기 때문에 보강한계 검토에서는 보강한계 검토용 고정하중 및 활하중 계수를 도입하여 보강한계를 검토한다.

ACI 등의 보강설계기준에서는 다음 수식과 같이 부착 보강공법의 보강한계를 제시하고 있으며, 사용되는 계수는 기준에 따라 상이하다. 각 기준에 따라 고정하중 및 활하중 계수는 실험이나 이론적 도출이 아닌 기존 설계 경험을 반영하여 결정되었다.

$$(\phi R_n)_{existing} \geq (\alpha_D S_{DL} + \alpha_L S_{LL})_{new}$$

기준	고정하중 계수(α_D)	활하중 계수(α_L)
ACI 440.2R-17	1.1	0.75
ASCE 7-16	0.9 또는 1.2	0.5

본 연구에서는 보강된 교량의 고정하중 및 활하중 계수 도출을 위해 선행 연구 계측값 수집 및 확률적 모델링을 수행하고 가장 높은 발생 빈도를 도출하였다. 이를 통해 부착 보강공법으로 보강된 교량의 내하력 평가 시 필요한 고정하중 및 활하중 계수는 고정하중 계수 1.05 및 활하중 계수 0.6으로 나타났다. 그러나 실제 설계자료에 대한 검토 등 데이터를 추가한 추가 검증 연구가 필요한 것으로 판단되어, 본 기준에서는 기존 ACI 440.2R-17의 고정하중 계수 1.1 및 활하중 계수 0.75를 준용하는 것으로 하였다.

4.4 휨보강 설계

4.4.1 일반사항

(1) 부착 보강공법의 설계는 기존 콘크리트 구조물에 대하여 요구되는 휨내력이 부족할 경우 섬유보강복합재료 등의 인장보강재를 기존 콘크리트의 휨인장 표면에 부착 또는 매립하는 방법으로 보강을 실시함으로써 소요의 내력을 확보함과 동시에 전단파괴 등의 취성적인 파괴를 방지하는 것을 목적으로 한다.

(2) 부착 보강공법에 의한 콘크리트 교량의 휨보강 설계는 이 기준의 일반사항과 부착되는 보강재료의 특성을 고려하여 실시한다. 이 기준에서 특별히 명시되지 않은 사항은 KDS 14 20(콘크리트구조설계(강도설계법))을 따른다.

4.4.2 보강설계

(1) 보강 설계는 본 지침 4.2절의 사용재료에서 정해진 조건을 기초로 하여 현장에서 양질의 재료를 이용하여 시공이 되는 것을 전제로 한다.

(2) 부착 보강공법에 대한 보강 설계는 기존 구조물의 안전진단에 의해 얻어진 부재의 요구강도에 대응하여 필요한 내력을 확보하기 위한 보강공사의 종류를 선정하여 수행하는 것으로 한다.

(3) 보강 설계에 이용되는 설계 단면력은 기존 구조물의 안전진단 등에 의해 얻어진 소요의 내력 등에 기초하여 정하는 것으로 한다. 또한, 설계하중 및 외력은 기존 구조물의 안전진단 등에서 내력 평가시에 사용된 기준을 동일하게 따른다.

4.4.3 설계용 재료특성값

콘크리트 구조 설계기준 또는 도로교 설계기준에서 규정하지 않고 있는 섬유보강복합재료 등의 설계용 재료특성값은 다음과 같이 설정한다.

(1) 실험극한인장강도는 재료시험으로부터 얻은 평균강도에서 표준편차의 3배를 뺀 값으로 하며, 최소 20개 이상의 실험체를 대상으로 한다.

(2) 섬유보강복합재료 보강재의 경우에는 설계에 사용되는 두께와 보강 매수, 섬유량이 동일한 실험체의 실험값만을 인정한다.

(3) 섬유보강복합재료의 강도는 섬유의 방향성에 따라 특성값을 적용하며, 제조자가 실험에 의하여 방향에 따른 별도의 강도를 제시하지 않은 경우에는 1방향 섬유로 설계한다.

(4) 섬유보강복합재료의 설계용 인장강도는 보강공사 시의 외부 환경조건에 의한 강도저하 현상을 고려하여 실험에서 얻어진 극한인장강도에 구성재료별로 다음과 같은 환경감소계수를 곱하여 최종 설계용 재료특성값을 결정한다.

$$f_{fu} = C_E f_{fu}^*$$ ⟨식 4.3⟩

$$\epsilon_{fu} = C_E \epsilon_{fu}^*$$ ⟨식 4.4⟩

$$E_f = \frac{f_{fu}}{\epsilon_{fu}}$$ ⟨식 4.5⟩

〈표 4.2〉 외부 노출상태에서 연속섬유 재료의 환경감소계수

외부 상태	섬유 종류	환경감소계수, C_E
실내 환경	탄소섬유/에폭시	0.95
	유리섬유/에폭시	0.75
	아라미드섬유/에폭시	0.85
옥외 환경 혹은 공기조화가 없는 환경	탄소섬유/에폭시	0.85
	유리섬유/에폭시	0.62
	아라미드섬유/에폭시	0.75
매우 취약한 환경	탄소섬유/에폭시	0.85
	유리섬유/에폭시	0.50
	아라미드섬유/에폭시	0.70

4.4.4 휨보강 설계의 기본 가정

부착보강공법의 휨강도는 다음의 가정에 따라 계산된다.

(1) 정밀안전진단 보고서 등을 참고하여 보강대상의 실제치수, 철근배열, 재료특성에 근거한 설계계산을 한다.

(2) 부재가 휨변형 전에 평면이었던 단면은 부재가 휨변형 한 후에도 그 평면을 유지한다.

(3) 단면 내에서의 내력의 합은 외력의 합과 같다.

(4) 콘크리트 압축단의 최대 압축변형률은 0.003이다.

(5) 콘크리트의 인장강도는 무시한다.

(6) 섬유보강복합재료 보강재는 파괴 시까지 직선의 응력–변형률 관계를 유지하고 철근은 그 변형률 크기에 따라 항복하거나 항복하지 않을 수 있다.

(7) 부착된 보강재와 콘크리트 사이에는 최종 파괴 시까지 완전부착을 유지한 것으로 한다. 단, 보강재의 최대변형률은 부착파괴 변형률 이상 발생하지 못하며, 최대 부착파괴 변형률은 설계용 재료특성값의 90%로 한다.

(8) 부착 보강재의 단부 부착파괴를 방지하기 위해 보강길이는 지간장의 90% 이상으로 한다.

4.4.5 보강재의 초기 변형률

부착보강재에 의한 휨보강 설계에서는 보강재가 부착되는 전, 기존 콘크리트면에 발생한 초기 변형률을 고려해야 한다.

$$\varepsilon_{bi} = \frac{M_{DL}(d_f - kd)}{I_{cr}E_c}$$

〈식 4.6〉

4.4.6 부착파괴 변형률 검토

설계 기본가정에 따라 부착 보강공법에서 부착 보강재의 최대 변형률은 부착파괴 변형률을 초과하여 발생하지 않는다. 부착보강재의 부착파괴 변형률은 표면 부착 또는 표면 매립과 같은 보강방법에 따라 다음 식에 따라 계산한다.

표면부착공법: $\epsilon_{fd} = 0.41 \sqrt{\dfrac{f_{ck}}{nE_f t_f}} \leq 0.9\epsilon_{fu}$

〈식 4.7〉

표면매립공법: $\epsilon_{fd} \leq 0.7\epsilon_{fu}$

〈식 4.8〉

4.4.7 공칭강도

(1) 강도설계법에 따라 보강된 교량의 설계휨강도가 식 (4.9)에서 나타난 것처럼 계수휨모멘트를 넘도록 설계한다. 설계휨강도($\varnothing M_n$)는 공칭강도에 강도감소계수를 곱한 것이며, 계수휨모멘트(M_u)는 $\alpha_{DL}M_{DL} + \alpha_{LL}M_{LL}$처럼 계수하중들로부터 계산된 소요강도를 나타낸다.

$$\varnothing M_n \geq M_u$$

〈식 4.9〉

(2) 계수휨모멘트에 사용되는 각종 하중조합 및 하중계수는 기존 교량에 대한 내하력평가에 사용된 것과 동일한 값을 사용한다.

4.4.8 추가강도감소계수

부착 보강공법에서는 부착 보강재에 의한 휨강도 증진효과에 대한 낮은 신뢰도 및 연성

유도를 위하여 휨강도 계산 시에 다음과 같은 부착 보강재의 휨강도 기여분에 대한 추가강도감소계수식을 사용한다.

$$\psi_{EBM} = 0.85 - 1.604 \times \frac{\rho_f}{\rho_s} \qquad \langle \text{식 } 4.10 \rangle$$

$$\psi_{NSM} = 0.85 - 1.165 \times \frac{\rho_f}{\rho_s} \qquad \langle \text{식 } 4.11 \rangle$$

해설

> 부착 보강공법의 설계에서 부착 보강재는 최종파괴 시까지 완전부착을 가정하고 있지만, 실제로는 기존 교량의 철근이 항복함과 동시에 발생하는 부착면의 계면전단응력에 의해 균열부에서 부분적으로 부착파괴가 발생하게 된다.
>
> 이때, 단면에서의 변형률 적합조건이 더 이상 성립하지 않는 상태가 되므로 부착 보강재의 휨강도 기여분은 완전 부착으로 가정한 경우에 비해 감소하는 현상이 발생한다.
>
> ACI 등의 기준과 기존의 여러 논문에서는 이러한 영향을 고려하기 위한 수단으로 부착 보강재에 대한 추가강도감소계수를 제안한 바 있으며, 본 연구에서 기존 연구들의 실험체를 이용한 분석에 따르면, 다양한 추가강도감소계수 중에서 ACI에서 제안한 0.85가 가장 적합한 것으로 나타났다. 한편, 일반적으로 연성지수는 곡률, 회전, 처짐 등 변형량의 비로 나타내며 철근콘크리트 및 강구조물과 같이 항복 특성이 명확한 경우에는 쉽게 계산이 가능하지만 섬유보강복합재료와 같이 항복점이 명확하지 않은 선형 탄성재료의 경우에는 에너지 개념을 도입한 연성지수 평가식이 필요하다.
>
> 섬유보강복합재료로 보강된 구조물은 Grace(1998)에 의해 제안된 에너지 비에 따르면, 에너지비가 69% 이하는 취성파괴, 70~74%는 반연성, 75% 이상인 경우에는 연성파괴로 구분할 수 있다. 본 연구에서 에너지 개념을 도입한 연성지수 평가식을 바탕으로 검토한 결과, ACI 제안 추가강도감소계수를 적용한 경우에는 일부 실험체에서 취성파괴 구간에 있는 것으로 나타났으며, 추가강도감소계수의 영향을 받는 것으로 분석됨. 본 연구에서는 추가강도감소계수 (ψ_f)를 조정하여 연성설계를 유도할 수 있도록 추가강도감소계수식을 제안하였다.

4.4.9 휨강도의 계산

(1) 부착 보강공법 보강량 산정 시에는 기존 교량에 대한 내하력 평가에 사용된 응답비 및 내하율을 동일하게 적용하여 필요한 소요강도만큼 보강량을 산정하고 이에 대한 휨강도를 계산한다.

해설

> 보강설계에서는 보강 전 교량의 내하력 평가에서 강도설계법에 따라 구해진 기본내하력 및 응답비 및 실측충격계수, 공용내하력 등을 바탕으로 보강 목표를 설정하고, 보강된 교량의 공용내하력 산정 시에도 동일한 응답비 및 보정계수를 적용하여 검토한다.

(2) 부착 보강재로 보강된 부재의 휨강도는 콘크리트 압축파괴 등 발생 가능한 모든 파괴모드를 고려하여 계산되어야 한다.

(3) 부착 보강재로 보강된 콘크리트 부재의 휨강도는 변형률 적합조건, 힘의 평형조건 및 파괴모드의 제어에 의해 결정된다.

(4) 부착 보강재로 보강된 철근콘크리트 휨부재의 휨강도는 부착 보강재에 대한 추가강도 감소계수를 적용하여 다음과 같이 계산한다.

$$M_n = A_s f_s \left(d - \frac{\beta_1 c}{2} \right) + \psi_f A_f f_{fe} \left(d_f - \frac{\beta_1 c}{2} \right) \qquad \text{〈식 4.12〉}$$

$$\text{여기서, } f_{fe} = E_f \epsilon_{fe} \qquad \text{〈식 4.13〉}$$

$$\epsilon_{fe} = \epsilon_t \left(\frac{d_f - c}{c} \right) - \epsilon_{bi} \leq \epsilon_{fd} \qquad \text{〈식 4.14〉}$$

4.4.10 사용성

부착 보강재로 보강된 부재의 사용성을 만족하기 위해서 사용하중 상태에서 기존 교량의 인장철근과 압축콘크리트에 발생하는 응력을 아래와 같이 제한한다.

$$f_{s,s} \leq 0.80 f_y \qquad \text{〈식 4.15〉}$$

$$f_{c,s} \leq 0.60 f_{ck} \qquad \text{〈식 4.16〉}$$

4.4.11 크리프-파괴와 피로응력 한계

장기응력 혹은 반복응력과 피로에 의한 섬유보강복합재료의 파괴를 방지하기 위해, 이러한 응력 조건하의 부착 보강재에 대한 응력 수준은 반드시 점검되어야 한다.

4.5 보강설계 상세

4.5.1 일반사항

부착 보강공법 설계 시에 일반적으로 다음과 같은 보강상세에 대해 고려한다.

(1) 안쪽 모서리로 회전시키지 않아야 한다.

(2) 섬유보강복합재료 보강재가 바깥 모서리 주위를 감쌀 때 최소 13mm의 반경을 둔다.

(3) 섬유보강복합재료 시공 시 충분한 부착길이를 확보한다.

(4) 섬유보강복합재료를 겹침 시공할 때는 충분한 겹침길이를 확보한다. 단 성능시험을 통하여 보강재료의 인장강도를 충분히 전달할 수 있는 겹침길이가 확인되는 경우를 제외하고는 원칙적으로 겹침이음을 허용하지 않는다.

4.6 콘크리트용 앵커설계

4.6.1 콘크리트용 설계 적용범위

(1) 앵커설계법은 연결된 구조 요소 간 또는 안전에 관련된 부속물과 구조 요소 간에 인장, 전단 및 인장과 전단의 조합에 의해 구조 하중을 전달하는 데 사용되는 콘크리트용 앵커에 관한 설계조건을 제시하고 있다. 여기서 규정된 안전율은 단기간 취급할 때 또는 시공할 때보다는 사용할 때 조건을 고려한 값이다.

(2) 앵커설계법은 선설치 앵커와 후설치 앵커에 모두 적용된다.

(3) 비균열 콘크리트에서 $1.4N_p$(균열콘크리트에서 인장을 받는 단일 앵커의 뽑힘강도, N) 이상의 뽑힘강도를 발휘할 수 있는 형태의 헤드스터드와 헤드볼트가 포함된다.

(4) 고주파 피로하중 또는 충격하중에 대해서는 이 앵커설계법을 적용하지 않는다.

(5) 이 기준에서 규정하지 않은 콘크리트용 앵커설계에 관한 사항에 대해서는 콘크리트용 앵커 설계기준(KDS 14 20 54)의 제규정을 참조한다.

부록A **긴장 보강공법 설계예제**

1.1 대상 교량 현황

1.1.1 교량 현황 및 기본 제원

▶정밀안전진단보고서
- 본 OO교는 1975년 시공되었으며, 폭 1.8m, 연장 26.7m의 구조물임. 구조형식은 프리스트레스트 콘크리트 거더로 구성되어 있음

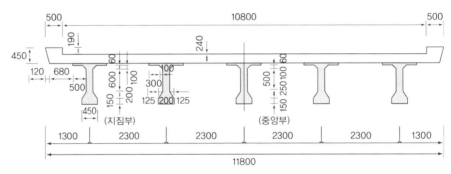

〈그림 A.1〉 평면도 OO교 종단면도

▶정밀안전진단보고서
- OO교의 기본 교량 제원은 표 A.1과 같음

〈표 A.1〉 대상 교량 이력표

교량명	OO교
형식	PSC I형 거더교
준공연도	1975년
경간(L, m)	26.7
교폭(B, m)	1.8
거더 수(본)	5
거더 높이(H, m)	1.2
지간(L_e, m)	25.7
거더간격(m)	2.3
설계하중	DB−24

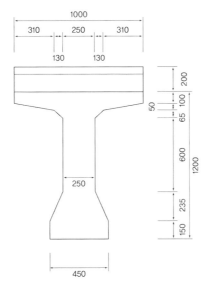

〈그림 A.2〉 OO교 단면제원(단위: mm)

1.1.2 보강 및 유지관리 이력

〈표 A.2〉 OO교 주요 진단이력

연도	점검구분	점검결과 요약	비고
19XX.00.00 ~ 19XX.00.00	정밀 안전진단	외관조사에 따른 상태평가 및 내구성 조사를 종합적으로 고려할 때 교량 구조물의 안전등급은 C등급으로 평가됨	C등급
20XX.00.00 ~ 20XX.00.00	정기 안전진단	자체 점검 결과 부재는 전체적으로 양호한 상태 유지	B등급

〈표 A.3〉 OO교 주요 보강이력

보강일자	보강 내용	관리주체	시공사
19XX.00.	● 바닥판 철판 및 FRP 보강 ● 바닥판 및 거더 도장	OO도로사업소	㈜OO

1.1.3 내하력 평가 결과

당초 DB-24로 설계된 OO교 재하실험에 따른 현재 내하력 평가 결과는 다음과 같다.

〈표 A.4〉 재하시험 결과

재하시험 결과		
보정계수(K_s)	0.70	
허용응력설계법 내하력		
구분	내측 거더	외측 거더
기본 내하율(RF)	0.96	0.75
공용 내하율(RF^*)	0.67	0.53
기본 내하력(P_0)	DB-23	DB-18
공용 내하력(P_n)	DB-16	DB-13
강도설계법 내하력		
공용 내하력(P_n)	DB-25	

1.2 보강설계 및 구조계산

▶긴장보강설계지침
3.1

1.2.1 보강설계 절차

본 과업의 설계 절차는 다음과 같다.

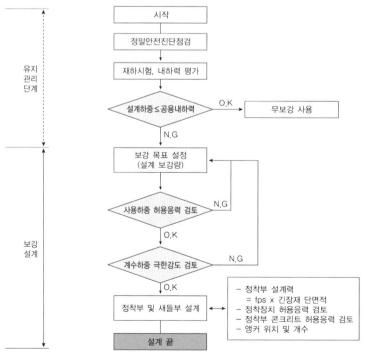

〈그림 A.3〉 보강설계 절차

1.2.2 보강목표 설정

적용지침 및 검토서류
▶정밀안전진단보고서

- 본 OO교는 당초 설계하중이 DB-24인 1등급 교량으로 현재는 외측거더의 응력기준으로 공용내하력이 DB-13인 상태임

- 본 과업의 보강 목표는 교통량 및 인접 도로와의 연결성을 고려하여 당초 설계하중인 DB-24로 공용내하력을 상향하는 것으로 설정함

  현재 공용내하력 DB-13 → 공용내하력 DB-24 보강

- OO교는 외측거더 하연 응력상태에 대한 상향이 필요하므로 응력개선 보강공법인 긴장 보강공법을 채택함

1.2.3 보강량 산정

▶정밀안전진단보고서

▶구조계산서

- 보강량 산정에 필요한 재료의 물성은 진단보고서 참조

〈표 A.5〉 재료 물성값

구조계산을 위한 OO교 재료 물성값(단위: MPa)		
재료	강도	
콘크리트 압축강도	바닥판	24
	거더	35
철근 항복강도	300	
기존 PS 강선 강도 (강선, $\Phi 8mm$)	인장	1500
	항복	1300

- 거더 하연의 응력은 구조해석 또는 단면해석에 의해 계산
- 보강 전 거더 하연 응력 계산

  거더 하연 응력 $f_{bottom} = f_d + f_l + f_{pe}$

여기서, f_d : 고정하중에 의한 하연응력$\left(\dfrac{M_d}{I} y_b \right)$

f_l : 활하중에 의한 하연응력$\left(\dfrac{M_l}{I} y_b \right)$

f_{pe} : PS 강선에 의한 하연응력$\left[P_{pe} \left(\dfrac{1}{A_c} + \dfrac{e_p}{Z_b} \right) \right]$

〈표 A.6〉 거더 하연 응력

보강 전 거더 하연 응력	
사용하중	응력(단위: MPa)
1) 유효 긴장력(f_{pe})	18.01
2) 고정하중(f_d)	−18.17
3) 활하중(f_l)	−4.75
합계(f_{bottom})	−4.91

- 소요 보강 긴장력 계산
  - 보강 후 DB-24 설계하중에 대한 공용내하력은 다음과 같음

$$\text{공용내하력(DB-24)} = \text{보정계수} \times \text{기본내하율}(RF) \times \text{DB-24}$$

여기서, $RF = \dfrac{f_a - (f_d + f_{pe} + f_{pm})}{f_l}$

f_a : 거더 하연응력의 허용응력(=3.73MPa)

f_{pm} : 보강 긴장새에 의한 하연응력(보강 소요량)

$\therefore \ 24 = K \times \dfrac{f_a - (f_d + f_{pe} + f_{pm})}{f_l} \times 24$

- 위 식을 보강 긴장재에 의한 하연응력 f_{pm}에 대해 정리하여 구하면 다음과 같다.

$$
\begin{aligned}
f_{pm} &= f_a - f_d - f_{pe} - \frac{f_l}{K} \\
&= -3.73 - (-18.17) - 18.01 - \left(\frac{-4.75}{0.7}\right) \\
&= 3.22\,\text{MPa}
\end{aligned}
$$

- 한편, f_{pm}은 보강 긴장재의 긴장력에 의해 발생하는 하연응력으로 다음과 같이 나타낼 수 있다.

$$f_{pm} = P_{en}\left(\frac{1}{A_c} + \frac{e_{pm}}{Z_b}\right) = 3.22\,\text{MPa}$$

여기서, P_{en} : 보강 긴장재의 유효긴장력

e_{pm} : 보강 긴장재의 편심거리

‑ 위 식을 보강 긴장재의 긴장력(P_{en})에 대해 정리하여 구하면,

$$P_{en} = 507.5\,\text{kN}$$

‑ OO교의 공용내하력을 DB‑24로 향상시키기 위해서는 보강 긴장재에 의해 최소 507.5kN 이상의 유효긴장력 도입 필요

● 보강 긴장재 수량 결정

▶긴장보강설계지침 2

〈표 A.7〉 보강 긴장재 기본 제원

보강 긴장재 제원 및 물성	
구분	값
보강 긴장재 직경	15.2mm 7연선
공칭단면적	138.7mm^2
인장강도(f_{pu})	1860MPa
항복강도	1674MPa

‑ 보강 긴장재의 도입긴장력은 인장강도의 약 70% 1,300MPa 가정

$$\text{도입긴장력 } f_{pj} = 0.7f_{pu} = 1300\,\text{MPa}$$

‑ 즉시손실 및 릴랙세이션에 의한 손실 계산

즉시손실 : 약 75MPa

릴랙세이션에 의한 손실 : 약 35MPa

‑ 보강 긴장재의 유효 프리스트레스 가정(근사값)

▶긴장보강설계지침 4.3

보강 긴장재 유효 프리스트레스

$$\left(f_{npe}\right) = f_{pj} - \text{손실 긴장력}$$
$$= 1300 - 72 - 35 \simeq 1200\,\text{MPa}$$

‑ 보강 긴장재 수량 결정

보강 긴장재 1개당 유효 긴장력 $= f_{npe} \times$ 보강 긴장재 1개 단면적 $= 166.4\text{kN}$

$$\therefore \text{소요 보강 긴장재 수} = \frac{P_{en}}{166.4} = \frac{507.5}{166.4/\text{개}} = 3.05\text{개}$$

본 과업의 보강 긴장재 수 $= \phi$ 15.2mm @ 4

▶정밀안전진단보고서

적용지침 및 검토서류

1.2.4 보강설계 구조계산

- 보강 후 보강된 교량에 대한 응력 검토
- 긴장력 도입 시 도입긴장력(1300MPa)을 포함하는 상하연 허용응력 검토
- 유효 프리스트레스(장단기 손실 포함)를 고려한 상하연 허용응력 검토

▶정밀안전진단보고서

- 적절성 평가

1.2.5 보강 완료 후 내하력 검토

보강 완료 후 교량에 대한 내하력 검토 시 보정계수는 보강 전 재하시험 결과로부터 산출된 값을 준용

〈표 A.8〉 보강 후 내하력

허용응력설계법			강도설계법		
응력 (MPa)	허용응력(f_a)	−3.73		설계하중(P_r)	DB−24
	1) 유효 긴장력(f_{pe})	18.01	모멘트 (kN·m)	설계모멘트(ϕM_n)	5629.6
	2) 고정하중(f_d)	−18.17		고정하중 모멘트(M_d)	2132.3
	3) 활하중(f_l)	−4.75		활하중 모멘트(M_l)	839.2
	4) 외부 긴장력(f_{pm})	4.21	하중 계수	고정하중 계수(γ_d)	1.30
보정계수(K_s)		0.70		활하중 계수(γ_l)	2.15
기본 내하율(RF)		1.64		보정계수(K_s)	0.70
공용 내하율(RF^*)		1.15	기본 내하율(RF)		1.584
기본 내하력(P_0)		DB−40	공용 내하율(RF^*)		1.109
공용 내하력(P_n)		DB−28(O.K.)	기본 내하력(P_0)		DB−38
			공용 내하력(P_n)		DB−27(O.K.)

▶긴장보강설계지침
5.3

1.3 정착부 설계 및 구조계산

1.3.1 마찰지지 방식

- 정착구 검토
  - 정착부 콘크리트 접합면의 마찰성능은 콘크리트의 거친 면처리, 에폭시, 강봉 도입 긴장력 이 있으나, 단일 힘에 의한 성능만 고려하므로 강봉 도입 긴장력에 의한 지지력만 반영함

– 강봉 유효 긴장력 : 522kN

– 강연선 파단하중 : 261kN

– 콘크리트–강재 요철면 마찰계수 0.5 가정

– 522kN × 0.5 = 261kN = 강연선 파단하중 261kN (O.K)

● 지압 검토

– 정착구 고정 : 강봉(Φ36mm) 긴장에 의한 압축력 도입으로 정착구 고정 ▶긴장보강설계지침6

– 강봉 긴장력 : 677.6kN

– 몰탈 발생 지압강도 : 677.6kN

– 몰탈 설계 지압강도

$$\phi(0.85f_{ck}\sqrt{A_2/A_1})/A_1 = 0.65 \times (0.85 \times 40 \times 2.0) \times 150 \times 160$$
$$= 1060.8 \text{ kN}$$

여기서, $\sqrt{\dfrac{A_2}{A_1}} = \sqrt{\dfrac{550 \times 560}{150 \times 160}} = 3.58 > 2.0$이므로 2.0 적용

– 설계지압강도 1060.8kN > 발생지압강도 677.6kN (O.K)

● 정착장치 검토

– 발생응력 : 261kN/(39mm × 40mm × 2ea) = 83.7MPa

– 정착구 허용인장응력 : 320MPa(GJS 500–7 항복강도)/1.7 = 188MPa

– 허용인장응력 > 발생응력 (O.K)

1.3.2 전단지지 외부긴장 선택 시

▶긴장보강설계지침 5.4

● 앵커 검토

– 외부 긴장에 의해 앵커 1개당 작용하는 전단응력 및 지압응력은 앵커의 허용응력을 초과할 수 없음

– 설치된 앵커볼트에서 개별 앵커볼트에 대한 콘크리트의 설계저항값은 다음과 같음

$$N_{Rd} = N_{Rd}^o \times f_T \times f_B \times f_A \times f_R$$

여기서, N_{Rd} : 설계저항값

f_T : h_{act}/h_{min}(실제 삽입깊이/최소 삽입깊이)

f_B : 콘크리트의 압축강도

f_A : 앵커볼트 간 거리의 영향

f_R : 구조재의 모서리 거리 영향

– 앵커 설치 시 쪼갬파괴를 방지하기 위한 연단거리, 앵커 간격, 두께 등을 준수해야 함

● 용접길이 검토

– 강재 정착장치의 설계는 정착구 및 정착구와 전판의 용접부에 대한 용접검사를 실시하여야 함

– 정착장치 검토

1.3.3 정착구 설계 예

● 제원

– 거더 폭 : 200mm

– 도입 프리스트레스량 : 310kN

– f_{ck} : 35MPa

– 강봉의 직경 : 100mm

– 사용 긴장재 : SWPC 7BN Φ12.7mm(인장하중 186kN) × 2가닥

– 용접 치수 : s = 6mm

– 사용 강재 : SS400 20mm(v_a =156MPa)

● 콘크리트의 지압응력 검토

① 허용응력 설계법에 의한 검토

$$\text{콘크리트의 허용지압응력 } f_{ca} = 0.25 \times f_{ck} \times \sqrt{\frac{A_2}{A_1}} \quad (\text{단, } \leq 0.5 f_{ck})$$

$$= 0.25 \times 35 \times \sqrt{77.8/10} = 24.4\text{MPa}(> 0.5 f_{ck})$$

$$\therefore \ f_{ca} = 0.5 f_{ck} = 0.5 \times 35 = 17.5\text{MPa}$$

$$f_{\text{지압}} = \frac{347}{20 \times 10} = 17.3\text{MPa} < f_{ca} = 17.5\text{MPa} \quad (\text{O.K})$$

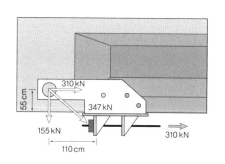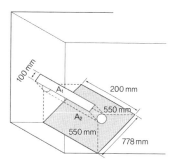

〈그림 A.3〉 콘크리트 지압응력 검토

② 강도설계법에 의한 검토

－ 긴장재가 이루는 각은 $\theta = 26.568°$이고, 긴장재 2가닥이므로

$$P_u = 186\text{kN} \times 2\text{ea} = 372\text{kN} \qquad \therefore\ P_{지압} = 417\text{kN}$$

－ 설계지압강도는 아래와 같이 계산한다.

$$\phi\,(0.85 \times f_{ck} \times A_1) \times \sqrt{\frac{A_2}{A_1}}$$

이때, $\sqrt{A_2 / A_1} \le 2$이므로

$$\phi\,(0.85 \times f_{ck} \times A_1) \times 2 = 0.7(0.85 \times 35 \times 20 \times 10) \times 2 = 833\text{kN}$$

$$\therefore\ P_{지압.} = 41.7\text{kN} < 833\text{kN (O.K)}$$

－ 강봉의 전단응력 검토

   강봉에 작용하는 최대 전단력은 (P/2)/A=186/78.54=23.8MPa

   ∴ 강봉 한쪽면에 작용하는 전단력 23.8MPa < SS400 허용 전단응력 80MPa (O.K)

• 강판 검토

① 최소연단거리 검토

   발생하는 전단응력 $v = \dfrac{P}{2 \times e \times t}$ (MPa)

   최소연단거리 $e = \dfrac{P}{2 \times v_a \times t}$ = 37,320/(2×800×2)=11.66cm

② 강판의 인장응력 검토

   측면 지지판의 높이가 35cm라면

– 순면적 = (35−12 : 강봉홀)×2cm = 46cm^2

– 허용인장응력 f_{ta} = 140MPa(SS400)

– 발생 인장력 : 373/좌우면 = 187kN

– 발생 인장응력 f_{ta} = 187/276 = 40MPa

∴ 40MPa < f_{ta} = 140MPa (O.K)

- 용접부 검토

  ① 측면 지지판과 정착판의 용접부 검토

  – 용접부 목두께 a = 0.7cm

  – 용접길이   L = 60cm

    발생 전단력
    v = P/ΣaL = 37.32/(0.7×60×2EA) = 44MPa

    ∴ 44MPa < 현장용접 72MPa (O.K)

  ② 케이블 지지판

  – 용접부 목두께 a = 0.7cm

  – 용접길이   L = 25cm

  – 사용개수   n = 4 × 2면

    발생 전단력
    v = P/ΣaL = 37.32/(0.7×25×4×2) = 27MPa

    ∴ 27MPa < 공장용접 80MPa (O.K)

1.3.4 새들 설계 예

- 제원

  – 지간 : 30m

  – 사용 긴장재 : SWPC 7BN Φ12.7mm(인장하중 186kN)×2가닥

  – 용접 치수 : s = 6mm

  – 사용 강재 : SS400 20mm(v_a = 156MPa)

  – 새들 개수 : 2개(3등분점)

  – 긴장재 상단과 하단 사이의 거리 : 1700mm

- 인장강도

  - 긴장재가 이루는 각은 $\theta = 9.648°$, $\sin\theta = 0.168$

  - 긴장재 5가닥을 한 다발로 하여 사용

  - 최대하중 $P_u = 186\text{kN} \times 5 = 930\text{kN}$

    ∴ 상향력 $P_u \cdot \sin\theta = 157\text{kN}$, 수평력 $P_u(1 - \cos\theta) = 132\text{kN}$

  - 새들에 작용하는 합력 $R = P_u \sqrt{2(1 - \cos\theta)} = 157\text{kN}$

- 최소 브라켓 수

  - 용접이 등각으로 될 경우 용접 목두께 a = 0.707s = 4.2mm → 4mm

  - 현장용접 $v_a = 80 \times 0.9 = 72\text{MPa}$

  - 상향력에 대한 최소 용접길이

  $$\frac{P_u \cdot \sin\theta}{a \cdot v_a} = \frac{157}{4 \times 72} = 545\,\text{mm}$$

  - 브라켓 가로 100mm, 높이 120mm

  - 최소 브라켓 수 : $\dfrac{P_u \cdot \sin\theta}{a \cdot v_a \cdot 2h_{saddle}} = 54.3/(2 \times 12) = 2.3 \Rightarrow 3(개)$

    ∴ 필요한 총 브라켓 수 6개

  - 새들에 작용하는 수평력을 브라켓의 하면 용접길이로 지지한다고 할 때

  $$\frac{P_u(1 - \cos\theta)}{a \cdot \sum l} = \frac{132}{4(100\,\text{mm} \times 2 \times 3\text{ea})}$$
  $$= 55\text{MPa} < v_a = 72\text{MPa} \quad (\text{O.K})$$

- 최소 앵커수

  - M20 앵커 선택

  - 면적 $A = \pi \times 2^2/4 = 314\text{mm}^2$

  - 앵커볼트의 허용전단응력 60MPa

  - 외부 긴장재의 프리스트레스에 의한 수평력을 새들의 정착판에 설치된 앵커 부담 가정

  $$n = \frac{P_u(1 - \cos\theta)}{v_{a1} \times A} = \frac{132}{60 \times 3.14} = 0.7 \rightarrow 4개$$

  - 외부 긴장재의 프리스트레스에 의한 상향력을 새들의 측면 지지판에 설치된 앵커 부담 가정

– 새들의 폭 200mm, 측면 지지판과 정착판은 한쪽만 용접되었다고 가정

– 용접길이로 지지할 수 있는 한쪽의 하중

$$a \cdot \sum l \cdot v_a = 4 \times 200 \times 72\text{MPa} = 57.6\text{kN}$$

$$\therefore \text{앵커가 지지해야 하는 하중 } P_u \cdot \sin\theta - a \cdot \sum l \cdot v_a$$

$$= 157\text{kN} - 57.6\text{kN} = 99.4\text{kN}$$

$$n = \frac{(P_u \sin\theta - a \cdot \sum l \cdot v_a)}{v_{a1} \times A} = \frac{99.4\text{kN}}{60 \times 314}$$

$$= 5.2 \rightarrow 6\text{개}$$

$$\therefore \text{정착판에 4개, 측면 지지판에 좌우 각각 6개씩 12개의 앵커볼트가 필요}$$

부착 보강공법 설계예제

1.1 부착 보강공법(FRP부착공법)

적용지침 및 검토서류

1.1.1 대상 교량 현황

▶정밀안전진단보고서

1.1.1.1 개요

대상 교량은 1994년에 준공된 5경간 단순 RC슬래브 형식의 교량임

〈표 B.1〉 대상 교량 이력표

구분	내용
교 량 명	OO교
위 치	경기도 고양시 일산서구 송포동
준공연도	1994년도
설계하중	DB-18
연 장	46.1m (10.0+8.7+8.7+8.7+10.0)
폭 원	6.6m
상부구조	RC 슬래브(RCS)
하부구조	역T형 교대(RTA)/라멘식 교각(RP)
받 침	탄성패드
신축이음	Transflex

1.1.1.2 대상 구조물 일반도

• 본 과업의 시설물인 OO교의 제원은 다음과 같다.

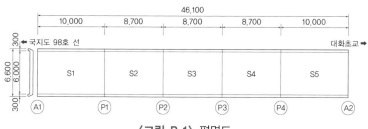

〈그림 B.1〉 평면도

적용지침 및 검토서류

▶정밀안전진단보고서

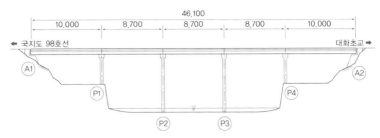

▶구조계산서

〈그림 B.2〉 종단면도

1.1.1.3 대상 구조물 전경

1.1.2 보강전 내하력 검토

〈표 B.2〉 콘크리트 압축강도

구분	비파괴시험강도(MPa)			추정 압축강도 (MPa)	최저설계 기준강도 (MPa)
	반발경도법	초음파시험법	조합법		
슬래브	30.20	27.85	28.83	28.83	
교대	23.05	–	–	23.05	20.59
교각	26.09	–	–	26.09	

〈표 B.3〉 재료의 물리적 성질

구분		물리적 성질
콘크리트	압축강도	28.83MPa
	탄성계수	28.34GPa
철근	항복강도	294.20MPa
	탄성계수	200.06GPa

〈표 B.4〉 부재의 단면 특성

구분	단면두께(m)
슬래브 중앙부	0.5

〈표 B.5〉 철근배근상태

▶정밀안전진단보고서
▶안전점검 및 정밀안
  전진단 세부지침 교
  량편

구분	주철근 배근간격(cm)		배력철근 배근간격(cm)		피복두께	
	측정치	평균치	측정치	평균치	측정치/ 최소피복두께	평균치
슬래브	10.1~18.2	12.6	14.1~15.9	15.2	0.67~1.12	0.90
교각	12.4~17.0	14.7	25.8~28.3	27.1	0.78~1.12	0.95

〈표 B.6〉 구조부재별 철근배근상태

구분	직경	강종	배근간격(mm)	피복두께(mm)
슬래브 중앙부	D25	SD30	100	70

〈표 B.7〉 구조해석(슬래브 중앙 단면 검토)

검토위치	필요 철근량 (cm²)	사용 철근량 (cm²)	계수휨모멘트 (kN · m)	설계휨강도 (kN · m)
슬래브 중앙부	50.126	50.670	501.29	506.32

〈표 B.8〉 내하력 평가를 위한 계수

구분	기호	계수값
철근 허용응력	f_a	147.10MPa
CFRP 보강전 설계휨강도	$\varnothing M_n$	506.32kN·m
고정하중계수	γ_d	1.3
활하중계수	γ_ℓ	2.15
고정하중모멘트	M_d	107.45kN·m
활하중모멘트	$M_{\ell\,(1+i)}$	168.18kN·m

● 대상 교량의 내하력평가 시 「시설물의안전관리에관한특별법」에 의한 「안전점검 및
  정밀안전진단 세부지침 교량편」(건설교통부/한국시설안전기술공단)에 의거하여 산정
  한다.

적용지침 및 검토서류

- 내하율(Rating Factor)

$$내하율(RF) = \frac{\phi M_n - \gamma_d \times M_d}{\gamma_\ell \times M_{\ell(1+i)}}$$

- 내하력(Load Carrying Capacity)

$$기본내하력(P) = RF \times P_r$$

$$공용내하력(P_n) = K_s \times P$$

여기서, P : 기본내하력

P_n : 공용내하력

▶정밀안전진단보고서

▶안전점검 및 정밀안
전진단 세부지침 교
량편

P_r : 설계활하중(DB-18)

K_s : 처짐보정계수, 즉 $\dfrac{\delta_{계산}}{\delta_{실측}} \times \dfrac{1+i_{계산}}{1+i_{실측}}$

응력보정계수, 즉 $\dfrac{\epsilon_{계산}}{\epsilon_{실측}} \times \dfrac{1+i_{계산}}{1+i_{실측}}$

▶제조사 물성 시험서

▶부착보강설세시침서

- 내하력평가결과

〈표 B.9〉 내하력 평가를 위한 계수

구분	내하율 (RF)	기본 내하력 (P)	보정계수 (Ks)	공용 내하력 (Pn)
보강 전	(506.32−(1.3*107.45))/ (2.15*168.18)=1.01	DB-18	(1.450/1.290)*(1.300/1.198) =1.22	DB-22

1.1.3 보강설계 구조계산

▶부착보강설계지침
서 4.3

1.1.3.1 보강소요모멘트

- 보강설계 목표 : DB-24

- 소요모멘트=$\varnothing M_{n\,DB24}$−보강전공용내하력($\varnothing M_n$)

$$=534.14-506.32=27.82 \text{kN} \cdot \text{m}$$

1.1.3.2 FRP 보강재료설계강도

$$f_{fu} = C_E f_{fu}^*$$

$$\varepsilon_{fu} = C_E \varepsilon_{fu}^*$$

〈표 B.10〉 FRP 재료 물성값

탄성계수(GPa)	파단변형률	인장강도(MPa)
189.3	0.019	3,596

〈표 B.11〉 환경감소계수

▶부착보강설계지침
서 4.6, 4.9

외부 상태	섬유 종류	환경계수 C_E
실내 환경	탄소섬유/에폭시 유리섬유/에폭시 아라미드섬유/에폭시	0.95 0.75 0.85
실외 환경 (교량, 교각 등)	탄소섬유/에폭시 유리섬유/에폭시 아라미드섬유/에폭시	0.85 0.65 0.75
매우 취약한 환경	탄소섬유/에폭시 유리섬유/에폭시 아라미드섬유/에폭시	0.85 0.50 0.70

1.1.3.3 FRP 보강량 가정

$$소요모멘트 = A_f f_f \left(d - \frac{a}{2} \right)$$

$$A_f = 15.50\text{mm}^2$$

→ 보강폭 : 100, 보강길이 : 8700, 두께 : 0.167, 1겹

1.1.3.4 보강전 콘크리트 하면 변형률

▶부착보강설계지침
서 4.9

$$\varepsilon_{bi} = \frac{M_{DL}(d_f - kd)}{I_{cr} E_c}$$

1.1.3.5 중립축 산정

$$c = 0.2d$$

1.1.3.6 FRP 유효변형률 산정 및 부착파괴 변형률

- 변형률 적합조건

- 힘의 평형 방정식

- 시산법으로 중립축 결정

$$\varepsilon_{fe} = 0.003 \left(\frac{d_f - c}{c} \right) - \varepsilon_{bi} \leq \varepsilon_{fd}$$

▶부착보강설계지침
서 4.9

적용지침 및 검토서류

$$\varepsilon_{fd} = 0.41 \sqrt{\frac{f_c{}'}{t_f \times n \times E_f}} \leq 0.9\varepsilon_{fu}$$

$$\therefore \varepsilon_{fe} \leq \varepsilon_{fd} \quad \varepsilon_{fe} = \varepsilon_{fe}$$
$$\varepsilon_{fe} > \varepsilon_{fd} \quad \varepsilon_{fe} = \varepsilon_{fd}$$

▶ 부착보강설계지침
　서 4.9

$$\varepsilon_c = (\varepsilon_{fe} + \varepsilon_{bi})\left(\frac{c}{d_f - c}\right)$$

1.1.3.7 철근변형률

▶ 부착보강설계지침
　서 4.8

$$\varepsilon_s = (\varepsilon_{fe} + \varepsilon_{bi})\left(\frac{d - c}{d_f - c}\right)$$

1.1.3.8 철근인장력 FRP 인장력 검토

- FRP 인장력 $(f_{fe} = E_f\varepsilon_{fe}) \times A_f = T_f$

$$f_s = E_s\varepsilon_s \leq f_y$$

- 철근의 인장력 $(f_s = E_s\varepsilon_s \leq f_y) \times A_s = T_s$

$$f_{fe} = E_f\varepsilon_{fe}$$

1.1.3.9 내력 및 평형 검토

$$\beta_1 = \frac{4\varepsilon_c{}' - \varepsilon_c}{6\varepsilon_c{}' - 2\varepsilon_c} \quad \alpha_1 = \frac{3\varepsilon_c{}'\varepsilon_c - \varepsilon_c^2}{3\beta_1\varepsilon_c{}'^2}$$

$$\varepsilon_c{}' = \frac{1.7f_c{}'}{E_c}$$

$$c = \frac{A_s f_s + A_f f_{fe}}{\alpha_1 f_c\beta_1 b}$$

가정한 중립축과 계산 중립축 비교 시 동일한 중립축 도출 시까지 시산법 적용

1.1.3.10 설계휨강도

$$\oslash M_n = \oslash [M_{ns} + \psi_f M_{nf}]$$
$$\oslash M_n \geq M_u$$

$$M_{ns} = A_s f_s\left(d - \frac{\beta_1 c}{2}\right), \quad M_{nf} = A_f f_{fe}\left(d_f - \frac{\beta_1 c}{2}\right)$$

- 연성반영을 위해서 ACI=0.85를 대체하여 철근비 대비 보강비의 함수식으로 제안

추가강도감소계수 : $\psi_{EBM} = 0.85 - 1.604 \times \dfrac{\rho_f}{\rho_s}$

강도감소계수 : $\varnothing = 0.9$

$\varnothing M_n = 552.67\text{kN} \cdot \text{m}$

(DB-24 : 534.14kN·m OK)

1.2 부착 보강공법(표면매립공법)

1.2.1 대상 교량 현황

1.2.1.1 개요

대상 교량은 1994년에 준공된 5경간 단순 RC슬래브 형식의 교량임

〈표 B.1〉 대상 교량 이력표

구분	내용
교 량 명	OO교
위 치	경기도 고양시 일산서구 송포동
준공연도	1994년도
설계하중	DB-18
연 장	46.1m(10.0+8.7+8.7+8.7+10.0)
폭 원	6.6m
상부구조	RC 슬래브(RCS)
하부구조	역T형 교대(RTA)/라멘식 교각(RP)
받 침	탄성패드
신축이음	Transflex

1.2.1.2 대상 구조물 일반도

본 과업의 시설물인 OO교의 제원은 다음과 같다.

적용지침 및 검토서류
▶정밀안전진단보고서
▶구조계산서

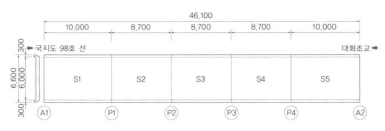

〈그림 B.2〉 평면도

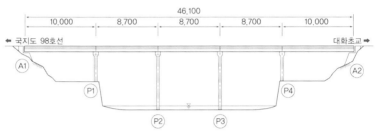

〈그림 B.3〉 종단면도

1.2.1.3 대상 구조물 전경

1.2.2 보강전 내하력 검토

〈표 B.2〉 콘크리트 압축강도

구분	비파괴시험강도(MPa)			추정 압축강도 (MPa)	최저설계 기준강도 (MPa)
	반발경도법	초음파시험법	조합법		
슬래브	30.20	27.85	28.83	28.83	
교대	23.05	–	–	23.05	20.59
교각	26.09	–	–	26.09	

〈표 B.3〉 재료의 물리적 성질

구분		물리적 성질
콘크리트	압축강도	28.83MPa
	탄성계수	28.34GPa
철 근	항복강도	294.20MPa
	탄성계수	200.06GPa

〈표 B.4〉 부재의 단면 특성

구분	단면두께(m)
슬래브 중앙부	0.5

〈표 B.5〉 철근배근상태

구분	주철근 배근간격(cm)		배력철근 배근간격(cm)		피복두께	
	측정치	평균치	측정치	평균치	측정치/ 최소피복두께	평균치
슬래브	10.1~18.2	12.6	14.1~15.9	15.2	0.67~1.12	0.90
교 각	12.4~17.0	14.7	25.8~28.3	27.1	0.78~1.12	0.95

▶정밀안전진단보고서
▶안전점검 및 정밀안전진단 세부지침 교량편

〈표 B.6〉 구조부재별 철근배근상태

구분	직경	강종	배근간격(mm)	피복두께(mm)
슬래브 중앙부	D25	SD30	100	70

〈표 B.7〉 구조해석(슬래브 중앙 단면 검토)

검토위치	필요 철근량 (cm²)	사용 철근량 (cm²)	계수휨모멘트 (kN·m)	설계휨강도 (kN·m)
슬래브 중앙부	50.126	50.670	501.29	506.32

〈표 B.8〉 내하력 평가를 위한 계수

구분	기호	계수값
철근 허용응력	f_a	147.10MPa
CFRP 보강전 설계휨강도	$\varnothing M_n$	506.32kN·m
고정하중계수	γ_d	1.3
활하중계수	γ_ℓ	2.15
고정하중모멘트	M_d	107.45kN·m
활하중모멘트	$M_{\ell\ (1+i)}$	168.18kN·m

- 대상교량의 내하력평가 시 「시설물의안전관리에관한특별법」에 의한 「안전점검 및 정밀 안전진단 세부지침 교량편」(건설교통부/한국시설안전기술공단)에 의거하여 산정한다.

- 내하율(Rating Factor)

$$\text{내하율(RF)} = \frac{\phi M_n - \gamma_d \times M_d}{\gamma_\ell \times M_{\ell\,(1+i)}}$$

- 내하력(Load Carrying Capacity)

$$\text{기본내하력(P)} = RF \times P_r$$

$$\text{공용내하력(P}_n) = K_s \times P$$

▶제조사 물성 시험서
▶부착보강설계지침서

여기서, P : 기본내하력

P_n : 공용내하력

P_r : 설계활하중(DB-18)

K_s : 처짐보정계수, 즉 $\dfrac{\delta_{계산}}{\delta_{실측}} \times \dfrac{1+i_{계산}}{1+i_{실측}}$

응력보정계수, 즉 $\dfrac{\epsilon_{계산}}{\epsilon_{실측}} \times \dfrac{1+i_{계산}}{1+i_{실측}}$

▶부착보강설계지침서
  4.3

- 내하력평가결과

〈표 B.9〉 내하력 평가를 위한 계수

구분	내하율 (RF)	기본 내하력 (P)	보정계수 (Ks)	공용 내하력 (Pn)
보강 전	(506.32-(1.3*107.45))/ (2.15*168.18)=1.01	DB-18	(1.450/1.290)*(1.300/1.198) =1.22	DB-22

1.2.3 보강설계 구조계산

1.2.3.1 보강소요모멘트

- 보강설계 목표 : DB-24

- 소요모멘트 $= \varnothing M_{nDB24} -$ 보강전공용내하력$(\varnothing M_n)$

$$= 534.14 - 506.32 = 27.82 \text{kN} \cdot \text{m}$$

1.2.3.2 FRP 보강재료설계강도

$$f_{fu} = C_E f_{fu}^*$$
$$\varepsilon_{fu} = C_E \varepsilon_{fu}^*$$

〈표 B.10〉 FRP 재료 물성값

탄성계수(GPa)	파단변형률	인장강도(MPa)
189.3	0.019	3,596

〈표 B.11〉 환경감소계수

▶부착보강설계지침서
4.6, 4.9

외부 상태	섬유 종류	환경계수 C_E
실내 환경	탄소섬유/에폭시	0.95
	유리섬유/에폭시	0.75
	아라미드섬유/에폭시	0.85
실외 환경 (교량, 교각 등)	탄소섬유/에폭시	0.85
	유리섬유/에폭시	0.65
	아라미드섬유/에폭시	0.75
매우 취약한 환경	탄소섬유/에폭시	0.85
	유리섬유/에폭시	0.50
	아라미드섬유/에폭시	0.70

1.2.3.3 FRP 보강량 가정

$$\text{소요모멘트} = A_f f_f \left(d - \frac{a}{2} \right)$$

$$A_f = 15.50 \text{mm}^2$$

▶부착보강설계지침서
4.9

→ 보강폭 : 100, 보강길이 : 8,700, 두께 : 0.167, 1겹

적용지침 및 검토서류

1.2.3.4 보강전 콘크리트 하면 변형률

$$\varepsilon_{bi} = \frac{M_{DL}(d_f - kd)}{I_{cr}E_c}$$

1.2.3.5 중립축 산정

$$c = 0.2d$$

1.2.3.6 FRP 유효변형률 산정 및 부착파괴 변형률

- 변형률 적합조건
- 힘의 평형 방정식
- 시산법으로 중립축 결정

▶부착보강설계지침서
4.9

$$\varepsilon_{fe} = 0.003\left(\frac{d_f - c}{c}\right) - \varepsilon_{bi} \leq \varepsilon_{fd}$$

$$\varepsilon_{fd} = 0.41\sqrt{\frac{f_c{'}}{t_f \times n \times E_f}} \leq 0.9\varepsilon_{fu}$$

$$\therefore \varepsilon_{fe} \leq \varepsilon_{fd} \quad \varepsilon_{fe} = \varepsilon_{fe}$$
$$\varepsilon_{fe} > \varepsilon_{fd} \quad \varepsilon_{fe} = \varepsilon_{fd}$$

▶부착보강설계지침서
4.8

$$\varepsilon_c = (\varepsilon_{fe} + \varepsilon_{bi})\left(\frac{c}{d_f - c}\right)$$

1.2.3.7 철근변형률

$$\varepsilon_s = (\varepsilon_{fe} + \varepsilon_{bi})\left(\frac{d - c}{d_f - c}\right)$$

1.2.3.8 철근인장력 FRP 인장력 검토

- FRP 인장력 $(f_{fe} = E_f\varepsilon_{fe}) \times A_f = T_f$

$$f_s = E_s\varepsilon_s \leq f_y$$

- 철근의 인장력 $(f_s = E_s\varepsilon_s \leq f_y) \times A_s = T_s$

$$f_{fe} = E_f\varepsilon_{fe}$$

1.2.3.9 내력 및 평형 검토

$$\beta_1 = \frac{4\varepsilon_c' - \varepsilon_c}{6\varepsilon_c' - 2\varepsilon_c} \quad \alpha_1 = \frac{3\varepsilon_c'\varepsilon_c - \varepsilon_c^2}{3\beta_1\varepsilon_c'^2}$$

$$\varepsilon_c' = \frac{1.7f_c'}{E_c}$$

$$c = \frac{A_s f_s + A_f f_{fe}}{\alpha_1 f_c \beta_1 b}$$

가정한 중립축과 계산 중립축 비교 시 동일한 중립축 도출 시 까지 시산법 적용

1.2.3.10 설계휨강도

$$\varnothing M_n = \varnothing\left[M_{ns} + \psi_f M_{nf}\right]$$
$$\varnothing M_n \geq M_u$$

$$M_{ns} = A_s f_s\left(d - \frac{\beta_1 c}{2}\right), \quad M_{nf} = A_f f_{fe}\left(d_f - \frac{\beta_1 c}{2}\right)$$

연성반영을 위해서 ACI = 0.85를 대체하여 철근비 대비 보강비의 함수식으로 제안

추가강도감소계수 : $\psi_{EBM} = 0.85 - 1.604 \times \dfrac{\rho_f}{\rho_s}$

강도감소계수 : $\varnothing = 0.9$

$\varnothing M_n = 552.67\text{kN} \cdot \text{m}$

(DB-24 : 534.14kN·m OK)

부록C 보강용 부착식 앵커의 인장 시험방법(안)

1.1 적용 범위

이 시험방법은 국내 콘크리트용 앵커 설계 규정에서 부착식앵커를 포함하지 않아 새로운 시험방법을 제안하며, 연직 또는 수직으로 에폭시에 의해 시공된 부착식 앵커의 성능평가 시험 시 참고할 수 있다.

1.2 참고문헌

다음의 참고문헌 및 표준은 전체 또는 부분적으로 이 시험방법의 적용을 위해 필수적이다. 각각의 문헌은 최신판을 적용하도록 한다.

- 콘크리트구조기준(2012), 한국콘크리트학회
- KS D 14 20 54 : 2016 콘크리트용 앵커 설계기준, 국토교통부
- 콘크리트용 앵커 설계법 및 예제집(2010), 한국콘크리트학회

1.3 시험장치 및 기구

1.3.1 일반사항

시험장치는 재하장치, 반력장치 및 측정장치로 구성된다. 이들 장치는 각각 부착식 앵커의 인장, 하중에 대한 저항, 하중-변위 및 하중-변형률 거동 등을 측정하는 기능을 담당한다. 각각의 장치는 시험의 목적에 부합되는 능력을 가지고 충분히 그 기능을 발휘하여야 한다.

1.3.2 부착식 앵커

부착식 앵커는 원칙적으로 사용 앵커 중 대표적인 앵커와 동일한 제원으로 하고 목적에 따라 충분한 하중을 재하할 수 있도록 사용 앵커와 별도로 계획하는 것이 가장 좋다. 다만, 앵커 재료의 강도가 충분하고 시험 후 앵커의 변위로 인하여 구조물에 나쁜 영향을 미치지 않는다고 예상되는 경우에는 사용 앵커를 시험 앵커로 할 수 있다.

1.3.3 재하장치

재하장치는 유압잭과 그 조작 펌프 및 유압잭의 하중을 시험 앵커 및 반력장치에 전달하기 위한 재하판으로 구성된다. 펌프는 그 진동이 측정에 영향을 미치지 않도록 시험 앵커로부터 충분히 떨어져 있는 장소에 놓는다. 재하장치는 계획최대하중에 대하여 충분히 안전한 것으로 한다. 유압잭은 원형바닥판이 붙은 것을 표준으로 하고 검·교정을 마친 것을 사용한다. 유압잭은 계획최대하중에 대해 충분한 재하능력(최소 계획최대하중의 120% 이상)과 시험 앵커 및 반력장치의 변위에 대응할 수 있는 충분한 스트로크를 가져야 한다. 유압잭은 시험 앵커에 대하여 편심이 없도록 설치한다. 여러 개의 유압잭을 사용하는 경우, 연동제어가 가능한 동일 제원을 것을 사용한다. 유압펌프는 유압 잭의 재하능력과 설정된 재하속도에 대응할 수 있는 충분한 용량을 가져야 하며 하중을 일정하게 유지시킬 수 있는 장치가 구비되어야 한다. 재하판은 계획최대하중에 대하여 충분한 강성을 가진 것으로 하고 수평으로 설치하며, 재하판의 크기는 유압잭 밑면보다 커야 한다.

1.3.4 반력장치

앵커에 압축력을 가하기 위한 하중조달 방법으로서의 반력장치는 하중의 반력을 지지하는 반력저항체, 재하장치로부터 반력저항체에 하중을 전달하는 재하대, 그리고 그것들을 일체화하는 접합부재로 구성된다. 반력장치는 계획최대하중에 대해서 충분한 저항력을 가져야 한다.

1.3.5 측정장치

측정장치는 계측기구, 기준점 및 기준보로 구성되고, 계측기구는 하중, 변위, 변형률 등을 측정하는 센서와 그 측정값을 표시하고 기록하는 계측시스템으로 구성된다. 측정기구는 시험의 목적에 적합한 강도를 가져야 하며 검·교정이 된 것을 사용한다. 계측센서는 필요한 위치 및 방향에 견고하게 설치한다. 계측센서를 설치할 때에는 시험의 진행에 의해 시험앵커, 재하장치, 반력장치의 변위와 변형에 의해 지장을 받지 않도록 충분히 주의해야 한다.

1.4 시험방법 및 절차

1.4.1 일반사항

시험은 시험목적, 현장상황, 설계개념 등을 고려하여 적합한 방법으로 선정해야 한다. 다만, 특별한 내용없이 단순히 검증을 위한 시험의 경우에는 이러한 목적을 충분히 달성할 수 있는 방법이면 충분하다. 그리고 측정항목 및 계측기구는 시험의 목적에 따라 결정한다.

1.4.2 재하속도

● 재하장치는 실험의 목적을 달성할 수 있는 재하속도를 제공할 수 있으며, 최대 예상하중을 초과할 정도의 충분한 기능을 가져야 한다.
● 균일한 재하속도를 제공하는 유압식 펌프는 간헐적으로 하중을 가하는 기존 펌프에 비해 안정된 시험 결과를 제시할 수 있다.

1.4.3 시험방법

● 부착을 위한 에폭시는 앵커와 결합 후 충분히 양생하여 에폭시 양생 부족에 따른 시험 결과의 오류를 방지한다.
● 시험의 목적을 고려하여 가장 보편적으로 적용되는 단계재하방법인 완속재하방법과 반복재하방법을 선택한다. 하중 단계수는 시험의 정밀도를 향상시키기 위해서는 가능한 범위에서 하중단계수를 증가시킬 수 있다. 또한, 시험 목적 및 부착식 앵커의 용도에 따라 재하속도, 단계별 하중유지시간, 반복 사이클 수를 결정한다.
● 반력판은 충분히 넓게 하여 시험 시 콘크리트 상연의 구속효과에 의한 부착 성능이 영향을 받지 않도록 한다. 또한, 앵커의 천공 면적보다 정착판의 천공 면적이 충분히

크게 하여 앵커의 인장 시 정착판 구멍으로 에폭시의 압축력이 작용하지 않도록 한다.

- 보강용 부착식 앵커에 긴장력을 도입하는 경우 실제와 동일하게 부착식 앵커의 자유장을 확보하여야 한다. 자유장을 확보하지 않은 경우, 앵커 인장 시 인장기에 의한 콘크리트 상부의 구속 및 에폭시 압축강도가 부착강도에 영향을 주어 실제보다 큰 강도가 계측될 여지가 있으며, 변동폭이 크다.

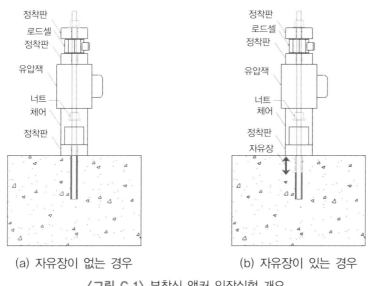

(a) 자유장이 없는 경우   (b) 자유장이 있는 경우

〈그림 C.1〉 부착식 앵커 인장실험 개요

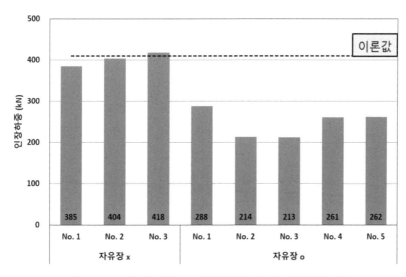

〈그림 C.2〉 자유장 유무에 따른 부착식 앵커 인장하중 예시

1.5 계 산

1.5.1 시험값 변환

계측된 데이터를 근거로 하여 시험값을 부착식 앵커의 인장강도로 변환한다.

1.5.2 인장을 받는 앵커의 강재강도

- 강재의 파괴에 의해 결정되는 앵커의 공칭 인장강도 N_{sa}는 앵커의 재질과 앵커의 치수를 근거로 하여 계산하여야 한다.

- 부착식 앵커가 파단된 경우 앵커의 인장강도는 계측된 인장력을 앵커의 공칭 단면적으로 나눠 계산한다.

$$N_{sa} = \frac{P_t}{A_{se,N}}$$

여기서, N_{sa} : 앵커 공칭 인장강도(MPa)

P_t : 인장력 계측값(N)

$A_{se,N}$: 앵커 공칭 단면적(mm^2)

1.5.3 인장을 받는 앵커의 콘크리트 파괴강도

인장을 받는 부착식 앵커의 공칭 콘크리트 파괴강도 N_{cb}는 다음 값을 초과할 수 없다.

$$N_{cb} = \frac{A_{Nc}}{A_{Nco}} \psi_{ed,N} \psi_{c,N} \psi_{cp,N} N_b$$

여기서 N_{cb} : 인장을 받는 단일 앵커의 공칭 콘크리트 파괴강도(N)

A_{Nc} : 인장강도 산정을 위한 단일 앵커의 콘크리트 파괴면 투영 면적(mm^2)

A_{Nco} : 연단거리 또는 간격에 제한을 받지 않는 경우 A_{Nc}(mm^2)

$\psi_{ed,N}$: 연단거리 영향에 대한 인장강도의 수정계수

$\psi_{c,N}$: 균열 유무에 따른 인장강도에 대한 수정계수

$\psi_{cp,N}$: 부착식 앵커를 보조철근 없이 비균열 콘크리트에 사용하기 위한 인장강도에 대한 수정계수

N_b : 균열 콘크리트에서 인장을 받는 단일 앵커의 기본 콘크리트 파괴강도(N)

인장력의 편심이 작용하는 앵커에 대한 수정계수는 다음과 같이 구해야 한다.

$$\psi_{ec,N} = \cfrac{1}{\left(1+\cfrac{2e'_N}{3h_{ef}}\right)} \qquad\qquad (단,\ \psi_{ec,N} \leq 1)$$

여기서, $\psi_{ec,N}$: 편심을 받는 경우 인장강도에 대한 수정계수

e'_N : 앵커에 작용하는 축력의 편심(mm)

h_{ef} : 앵커의 유효 묻힘길이(mm)

- 인장을 받는 부착식 앵커의 가장자리 영향에 관한 수정계수는 다음과 같이 구해야 한다.

$C_{a,\min} \geq 1.5h_{ef}$인 경우: $\psi_{ed,N} = 1$

$C_{a,\min} < 1.5h_{ef}$인 경우: $\psi_{ed,N} = 0.7 + 0.3\left(\cfrac{C_{a,\min}}{1.5h_{ef}}\right)$

여기서, $C_{a,\min}$: 앵커 중심으로부터 콘크리트 단부까지 최소 연단거리(mm)

h_{ef} : 앵커의 유효 묻힘길이(mm)

- 부재가 사용하중을 받을 때 콘크리트에 균열이 발생하지 않는다고 해석된 위치에 설치된 앵커에 대해서는 다음의 수정계수 $\psi_{c,N} = 1.4$를 사용한다.
- 부착식 앵커의 인장에 의한 기본 콘크리트 파괴강도계수(K_c)는 비균열 콘크리트와 균열 콘크리트에 대하여 별도의 제품 평가 보고서에 의해 산정할 수 있으며, 이때 $\psi_{c,N} = 1.0$을 적용하여야 하고, 균열 콘크리트에 사용하기 위해서는 사전에 그 성능이 입증되어야 한다.

1.5.4 인장을 받는 앵커의 뽑힘강도

- 인장을 받는 부착식 앵커의 공칭 뽑힘강도 N_{pn}은 다음 값을 초과할 수 없다.

$$V_{pn} = \psi_{c,P}N_p$$

여기서, $\psi_{c,P}$: 균열 유무에 따른 인장강도에 대한 수정계수

N_p : 균열 콘크리트에서 인장을 받는 단일 앵커의 뽑힘강도(N)

- 후설치 앵커, 부착식 앵커의 경우 N_p의 값은 별도의 실험과 평가를 통해야 한다.
- 부재가 사용하중을 받을 때 균열이 없는 것으로 해석된 위치의 단일 앵커에 대해 다음 수정계수 $\psi_{c,P} = 1.4$를 사용할 수 있다.

1.5.5 보강용 부착식 앵커의 부착강도

인장을 받는 부착식 앵커의 부착강도는 다음과 같이 산정한다.

$$\zeta_{su} = \frac{F}{L\phi\pi}$$

여기서, ζ_{su} : 부착강도(MPa)

F : 인장력(N)

ϕ : 부착 계면의 직경, 앵커 천공 구멍 직경(mm)

L : 에폭시 길이(mm)

부록D | 보강용 부착식 앵커의 전단 시험방법(안)

1.1 적용 범위

- 이 시험방법은 국내 콘크리트용 앵커 설계 규정에서 부착식 앵커의 전단성능 시험법을 포함하지 않아 새로운 시험방법을 제안하며, 연직 또는 수직으로 에폭시에 의해 시공된 부착식 앵커의 전단 성능평가 시험 시 참고할 수 있다.
- 부착식 앵커의 단순전단 성능 측정뿐만 아니라 모재와 앵커 사이에 공극이 있는 경우 또는 앵커와 모재 사이에 에폭시와 같은 이종재료가 충전된 경우의 전단성능을 측정할 수 있는 시험방법이다.

1.2 참고문헌

다음의 참고문헌 및 표준은 전체 또는 부분적으로 이 시험방법의 적용을 위해 필수적이다. 각각의 문헌은 최신판을 적용하도록 한다.

- 콘크리트구조기준(2012), 한국콘크리트학회
- KS D 14 20 54 : 2016 콘크리트용 앵커 설계기준, 국토교통부
- 콘크리트용 앵커 설계법 및 예제집(2010), 한국콘크리트학회

1.3 시험장치 및 기구

1.3.1 일반사항

시험장치는 재하장치(유압잭), 반력장치(유압잭지지 프레임) 및 재하판(앵커헤드 고정거치대) 으로 구성된다. 이들 장치는 부착식 앵커의 전단성능을 측정하는 기능을 담당한다. 각각의 장치는 시험의 목적에 부합되는 능력을 가지고 충분히 그 기능을 발휘하여야 한다.

1.3.2 부착식 앵커

부착식 앵커는 원칙적으로 사용 앵커 중 대표적인 앵커와 동일한 제원으로 하고 목적에 따라 충분한 하중을 재하할 수 있도록 사용 앵커와 별도로 계획하는 것이 가장 좋다. 다만, 앵커 재료의 강도가 충분하고 시험 후 앵커의 변위로 인하여 구조물에 나쁜 영향을 미치지 않는다고 예상되는 경우에는 사용 앵커를 시험 앵커로 할 수 있다.

1.3.3 재하장치

재하장치는 유압잭과 그 조작 펌프 및 유압잭의 하중을 시험 앵커 및 반력장치에 전달하기 위한 재하판으로 구성된다. 펌프는 그 진동이 측정에 영향을 미치지 않도록 시험 앵커로부터 충분히 떨어져 있는 장소에 놓는다. 재하장치는 계획최대하중에 대하여 충분히 안전한 것으로 한다. 유압잭은 원형바닥판이 붙은 것을 표준으로 하고 검·교정을 마친 것을 사용한다. 유압잭은 계획최대하중에 대해 충분한 재하능력(최소 계획최대하중의 120% 이상)과 시험 앵커 및 반력장치의 변위에 대응할 수 있는 충분한 스트로크를 가져야 한다. 유압잭은 시험 앵커에 대하여 편심이 없도록 설치한다. 여러 개의 유압잭을 사용하는 경우, 연동제어가 가능한 동일 제원을 것을 사용한다. 유압펌프는 유압 잭의 재하능력과 설정된 재하속도에 대응할 수 있는 충분한 용량을 가져야 하며 하중을 일정하게 유지시킬 수 있는 장치가 구비되어야 한다. 재하판은 계획최대하중에 대하여 충분한 강성을 가진 것으로 하고 수평으로 설치하며, 재하판의 크기는 유압잭 밑면보다 커야 한다.

1.3.4 반력장치

앵커에 전단력을 가하기 위한 하중조달 방법으로서의 반력장치는 하중의 반력을 지지하는 반력저항체, 재하장치로부터 반력저항체에 하중을 전달하는 재하대, 그리고 그것들을 일체화하는 접합부재로 구성된다. 반력장치는 계획최대하중에 대해서 충분한 저항력을 가져야 한다.

1.3.5 측정장치

측정장치는 계측기구, 기준점 및 기준보로 구성되고, 계측기구는 하중을 측정하는 센서와 그 측정값을 표시하고 기록하는 계측시스템으로 구성된다. 측정기구는 시험의 목적에 적합한 강도를 가져야 하며 검·교정이 된 것을 사용한다. 계측센서는 필요한 위치 및 방향에 견고하게 설치한다. 계측센서를 설치할 때에는 시험의 진행에 의해 시험앵커, 재하장치, 반력장치의 변위와 변형에 의해 지장을 받지 않도록 충분히 주의해야 한다.

1.4 시험방법 및 절차

1.4.1 일반사항

시험은 시험목적, 현장상황, 설계개념 등을 고려하여 적합한 방법으로 선정해야 한다. 다만, 특별한 내용없이 단순히 검증을 위한 시험의 경우에는 이러한 목적을 충분히 달성할 수 있는 방법이면 충분하다. 그리고 측정항목 및 계측기구는 시험의 목적에 따라 결정한다.

1.4.2 재하속도

- 재하장치는 실험의 목적을 달성할 수 있는 재하 속도를 제공할 수 있으며, 최대 예상 하중을 초과할 정도의 충분한 기능을 가져야 한다.
- 균일한 재하 속도를 제공하는 유압식 펌프는 간헐적으로 하중을 가하는 기존 펌프에 비해 안정된 시험 결과를 제시할 수 있다.

1.4.3 시험방법

- 부착을 위한 에폭시는 앵커와 결합 후 충분히 양생하여 에폭시 양생 부족에 따른 시험 결과의 오류를 방지한다.
- 유압잭 지지프레임은 충분히 넓게 하여 시험 시 콘크리트 상연의 구속효과에 의한 부착 성능이 영향을 받지 않도록 한다. 또한, 앵커의 천공 면적보다 앵커헤드 지지대의 면적을 충분히 크게 하여 앵커의 전단 시 지지대 구멍으로 에폭시의 압축력이 작용하지 않도록 한다.
- 그림 D.2와 같이 전단성능을 측정하려는 부착식 앵커를 설치한다. 앵커와 모재사이의 공극을 에폭시와 같은 이종재료로 충전하는 경우 밀실하게 충전이 되도록 주의하여야 한다.

- 앵커 설치가 완료되면 그림 D.3과 같이 재하대를 설치한다. 앵커헤드에 전단력이 가해 질수 있도록 재하대를 설치하여야 한다.
- 재하대를 설치한 후 그림 D.4와 같이 유압잭 반력 프레임을 설치하고 유압잭을 통해 전단력을 가한다.
- 그림 D.5와 같이 앵커헤드가 전단력에 의해 잘려나가야 앵커의 전단성능을 정확히 측정할 수 있다.

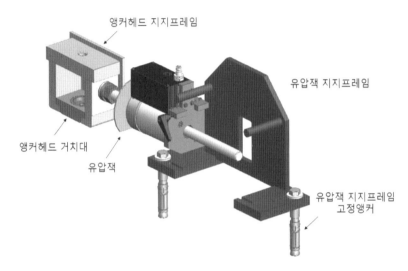

〈그림 D.1〉 부착식 앵커 전단 시험장치 개요

기계식 앵커   화학식 앵커

〈그림 D.2〉 앵커 설치

〈그림 D.3〉 앵커헤드 재하대(지지프레임) 설치

〈그림 D.4〉 전단 실험

〈그림 D.5〉 실험 완료

1.5 계 산

1.5.1 시험값 변환

계측된 데이터를 근거로 하여 시험값을 부착식 앵커의 전단강도로 변환한다.

1.5.2 전단을 받는 앵커의 강재강도

- 강재에 의해 지배될 때, 전단력을 받는 앵커의 공칭강도 V_{sa} 는 앵커의 재료적 특성과 치수에 근거하여 계산하여야 한다.
- 부착식 앵커가 파단된 경우 앵커의 전단강도는 별도의 실험결과에 기초하여 산정하거나, 아래의 식을 사용할 수도 있다.

$$V_{sa} = 0.6A_{se.V}f_{uta}$$

여기서, V_{sa} : 앵커 공칭 전단강도(MPa)

f_{uta} : 앵커 강재의 설계기준인장강도(MPa)

$A_{se.V}$: 앵커 유효 단면적(mm^2)

1.5.3 전단을 받는 앵커의 콘크리트 파괴강도

- 전단을 받는 부착식 앵커의 공칭 콘크리트 파괴강도 V_{cb}는 다음 값을 초과할 수 없다.

$$V_{cb} = \frac{A_{Vc}}{A_{Vco}} \psi_{ed,V} \psi_{c,V} \psi_{cp,V} V_b$$

여기서, N_{cb} : 인장을 받는 단일 앵커의 공칭 콘크리트 파괴강도(N)

A_{Nc} : 인장강도 산정을 위한 단일 앵커의 콘크리트 파괴면 투영 면적(mm^2)

A_{Nco} : 연단거리 또는 간격에 제한을 받지 않는 경우 A_{Nc}(mm^2)

$\psi_{ed.N}$: 연단거리 영향에 대한 인장강도의 수정계수

$\psi_{c.N}$: 균열 유무에 따른 인장강도에 대한 수정계수

$\psi_{cp.N}$: 부착식 앵커를 보조철근 없이 비균열 콘크리트에 사용하기 위한 인장강도에 대한 수정계수

V_b : 균열 콘크리트에서 전단을 받는 단일 앵커의 기본 콘크리트 파괴강도(N)

- 가장자리에서 평행한 방향으로 작용하는 전단력에 대한 V_{cb}는 정해지는 값의 2배로 할 수 있다. 이때 전단력은 가장자리에 직각 방향으로 작용한다고 가정하고 $\psi_{cp,V}$는 1.0을 적용한다.

- 모서리에 위치한 앵커에 대한 공칭콘크리트 파괴강도는 각 가장자리에 대해 구해지는 값 중 최솟값을 사용하도록 제한되어야 한다.

1.5.4 전단을 받는 앵커의 콘크리트프라이아웃강도

- 전단을 받는 부착식 앵커의 공칭콘크리트프라이아웃강도 V_{cp}는 다음 값을 초과할 수 없다.

$$V_{cp} = k_{cp} N_{cb}$$

여기서, $h_{ef} < 65\,mm$인 경우 $k_{cp} = 1.0$, $h_{ef} > 65\,mm$인 경우 $k_{cp} = 2.0$이다.

III

노후 콘크리트교량 보강 시공절차서(안)

제1장 총 칙

1.1 목 적

(1) 이 시공절차서(이하 절차서)는 노후교량의 안전성 확보 및 유지관리를 위한 보강공법에 대한 일반적인 시공기준과 시공절차를 제시하여 시공업무의 효율화와 공사의 품질 향상을 도모하는 데 그 목적이 있다.

(2) 이 절차서는 해당 보강공법별 시공자료, 시방서 등의 관련 문헌과 국내·외 관련 규정의 내용을 반영하여 작성되었으나, 관련 규정은 지속적으로 개정되고 있으므로 관련 기준이 개정되는 경우 개정된 사항을 적용하여야 한다.

(3) 본 절차서에 기술된 응용 사례와 도시된 그림 등은 시공자의 개념적 이해를 돕기 위한 목적으로 작성되었으므로 시공자는 교량의 시공조건에 따라 시공철학과 창의력을 발휘하여 보다 발전적인 시공을 할 수 있다.

(4) 본 절차서의 내용과 관련하여 상위 기준의 해당 규정과 상충되는 경우 관계 법규, 시방서, 발주처 지침을 우선적으로 적용하여야 한다.

(5) 이 절차서에서는 콘크리트 교량의 보강에 적용되는 대표 공법에 대하여 작성되었으며, 정하지 않은 보강공법에 대하여는 이 지침 내에 공법과 기본원리가 동일한 유사 공법을 준용하거나, 발주처와 협의하여 시공하여야 한다.

1.2 적용범위

이 절차서는 국내 건설공사 관련법규, 교량 관련 설계기준과 표준시방서를 적용하여 설계·시공된 기존 노후교량의 유지관리를 위하여 실시되는 교량 상부 보강공사 시공에 적용한다.

1.3 관련 법규 및 기준

(1) 기존 교량의 보강 설계를 위한 조사, 상태평가, 유지관리절차와 방법 등에 대해서는 시설물의 안전관리에 관한 법규와 시설물별 세부지침에 따른다.

(2) 노후교량의 보강 시공에 적용하는 시공개념, 시공방법, 시공조건, 하중 등 기본적인 시공사항과 이 지침에 규정하지 않은 사항에 대해서는 기본적으로 국내에서 제정된 관련 설계기준, 시방서, 설계지침, 발주처 지침 등에 따르며 보강공법 설계지침 및 국외의 공인된 관련 지침을 참고한다.

(3) 사용재료의 품질, 성능, 시험방법 등에 대해서는 한국산업규격에 따른다.

1.4 용어정의

보강 시공에 적용하는 용어는 관련 법규와 교량관련 기준 및 지침의 정의를 따른다. 이 지침에 자주 인용되고 공통적으로 정의 및 적용되는 용어의 정의는 보강 설계지침을 참조한다.

1.5 사용단위계

보강 시공에 적용하는 단위계는 국제단위계(SI Units)를 적용한다. 다만, 국제단위계로 변경 또는 환산할 수 없는 외국 기준의 도표, 공식 등을 적용하는 경우에는 해당 기준에서 사용한 단위계를 병용할 수 있으나 최종 계산결과는 국제단위계로 환산하여 표기하도록 한다.

제2장 시공 일반사항

2.1 시공원칙

(1) 노후교량의 보강은 안전점검이나 정밀안전진단의 과정을 거쳐 해당 교량에 발생한 결함, 손상, 열화 그리고 기타 비정상적인 상태의 원인을 정확히 파악한 후 보강 목적을 달성하기 위해 사전조사, 설계 등의 단계를 거쳐 시공하여야 한다.

(2) 보강 공법 시공 전 콘크리트 표면의 접합면은 깨끗하게 처리하여야 한다. 이때, 콘크리트 표면의 요철이나 레이턴스 등을 제거하여 정착구 등의 보강장치 설치 및 보강재료의 부착 시 취약부가 되지 않도록 처리한다.

(3) 보강 시공 시 발생할 수 있는 기존 구조물의 손상을 최소화 하고자 구조물의 현장 조사가 선행되어야 한다. 이때, 비파괴 탐사법이나 시공 도면이 있는 경우 도면과의 비교를 통해 내부 철근 배치 등을 확인하여야 하며, 이를 앵커 시공 등에 반영하여야 한다.

(4) 시공 보조재로 사용하는 앵커 등을 추가하는 경우 및 내부 철근 등의 간섭으로 인해 시공 도면의 변경이 필요한 경우 반드시 구조검토를 실시하여야 한다. 이때, 최대 모멘트 발생 구간 등 구조적 취약점에 앵커 설치 등 구조물의 안전성에 영향을 미칠 수 있는 시공을 삼가야 한다.

2.2 지침의 적용

보강공사의 시공과정에서 필요한 기본사항 이외의 사항에 대해서는 전문시방서와 공사시방서의 제규정을 따른다.

2.3 사전 조사

선정된 공법의 시공에 있어 대상 시설물의 설치환경, 형상 및 손상, 결함, 열화의 상세 등을 사전에 조사한다.

2.4 현장 조사

선정한 보강재료와 공법으로 시공하기 전에 공사구역 내의 모든 시설물의 정확한 위치 및 규모 등을 조사하고 사전조사 결과와 비교 검토한 뒤 그 내용을 확실히 파악, 확인하여야 한다.

2.5 시 공

(1) 선정한 공법은 시공하기 전 설계 시에 설정된 성능이 확실하게 발휘되도록 시공조건과 환경조건 등을 고려하여 시공계획을 수립한다.
(2) 선정한 공법의 시공은 시공계획의 정해진 절차에 따라 실시한다.

2.6 품질관리 및 검사

시공자는 보수·보강공사의 품질보증 및 관리, 참조규격, 현장시료 및 재료, 시제품, 검사 및 시험, 제조사의 현장지원 및 시공과 관련한 보고서 등에 관한 요건을 발주처에 제시하여야 한다.

2.7 시공기록

시공자는 보수·보강공사 시공내역을 확인할 수 있도록 시공계획, 시공기록, 설계도서 (시공 내역을 확인할 수 있는 사진 포함)를 작성·보존하여야 하며 시공자는 완공도면과 검사기록을 감독자 또는 발주처에 제출하여야 한다.

2.8 안전관리

시설물 보수·보강의 시공 시 발생할 수 있는 안전사고의 대책과 현장안전관리가 효과적 으로 실시될 수 있도록 하며 세부적인 사항은 산업안전보건법의 제규정을 따른다.

2.9 환경관리

시설물의 보수·보강공사와 관련한 환경오염 발생, 환경보전 등 환경관리에 대한 일반적 인 사항에 대해 사전에 미리 계획을 수립하고 조치하여야 한다.

제3장 긴장 보강공법

3.1 일반사항

3.1.1 목적

긴장 보강공법은 기존 교량에 추가 긴장력을 도입하여 응력 개선을 통해 교량의 내하력을 향상시키는 것을 목적으로 한다.

3.1.2 일반사항

긴장 보강공법은 보강 긴장재로 기존 교량에 긴장력을 도입하여 부재내의 응력을 개선시키는 원리를 이용하기 때문에 보강 긴장재가 충분히 인장응력을 발휘할 수 있도록 시공되어야 하며, 보강 긴장재에 의한 응력전달 경로가 되는 정착장치도 충분한 안정성을 갖도록 시공되어야 한다.

3.1.3 적용범위

(1) 이 절차서의 적용범위는 콘크리트 교량의 보, 바닥판 등의 다양한 부재에 적용가능하다.

(2) 이 절차서는 콘크리트 교량 상부구조에 추가로 보강 긴장재를 배치하여 보강하는 경우에 적용된다.

(3) 이 절차서에서 규정되지 않은 사항에 대해서는 대한민국 제정 관련규정 및 시방서나 기술보유사의 특별시방서를 인용하는 것으로 한다.

해설

> **(3)에 대하여**
>
> 긴장 보강공법은 매우 다양한 정착장치를 갖는 새로운 공법들이 계속 제안되고 시공되고 있다. 이 절차서는 시공에 필요한 최소한의 내용만을 기술한 것으로 이 절차서에서 규정하지 않은 사항에 대해서는 기술보유사의 보강장치, 시공장치에 적합하도록 제작된 특별시방서 등을 따르는 것으로 한다.

3.1.4 용어의 정의

이 절차서에서 사용하는 용어에 대한 정의는 보강공법 설계지침(안)을 참조하며, 관련 국내 설계기준 및 시방서를 참조한다.

3.2 사용재료

3.2.1 재료의 구성

긴장 보강공법의 재료는 보강 긴장재, 앵커 및 정착장치와 같은 구조용 재료와 접착제, 쉬스, 방청제 등과 같은 비구조용 재료로 분류된다.

3.2.2 재료의 성능

(1) 긴장 보강공법에 사용되는 재료의 성능은 '보강공법 설계지침(안)' 제3장 2.2.2절을 참조한다.

(2) 보강 긴장재

- 보강 긴장재로 사용하는 PS 강선과 PS 강연선은 KS D 7002, PS 강봉은 KS D 3505에 각각 적합한 것을 사용하는 것을 원칙으로 한다. 단, KS D 3505, 7002에 제시되지 않은 경우와 PS 강재 이외의 프리스트레스 도입재료를 사용하는 경우에는 시험에 의해 그 품질을 확인하고 강도와 그 밖의 제원을 제출하여야 한다.

- 보강 긴장재로 섬유보강복합재료를 사용하는 경우에는 '보강공법 설계지침(안)' 제4장 2.2.2절을 참조한다.

- 보강 긴장재는 방청처리된 PS 강재를 사용하는 것을 원칙으로 한다.

- 정착, 접속, 조립 혹은 배치를 위하여 PS 강재를 재가공하거나 열처리를 할 경우에는 이와 같은 처리를 함으로써 PS 강재의 품질이 저하되지 않는다는 사실을 시험에 의하여 확인해 두어야 한다. 이와 같은 처리에 의하여 PS강재의 품질이 저하되는 경우에는 시험에 의하여 그 저하의 정도를 확인하여 그에 알맞는 강도, 기타의 설계용 값을 별도로 정하여야 한다.

- PS 강재는 깨끗해야 하며 유해한 녹, 더러움, 흠 등이 없는 것이어야 한다.

(3) 용접재료

- 강재의 종류 및 강도와 용접방법에 따른 용접봉의 사용구분 및 규격과 재질은 감독원의 승인을 받은 용접절차서에 준하며 용접재료의 재질은 모재의 화학적 성분과 기계적 성질과 동등하거나 그 이상의 재료를 사용해야 한다.

- 용접재료는 '도로교표준시방서 2-4'에 준하여 사용하되 이 규격 이외의 용접재료는 국제규격과 동등한 제품을 사용해야 한다.

(4) 앵커

앵커는 정착구나 새들을 기존 거더에 부착시키는 역할을 하므로, 소요의 강도를 갖고 기존 거더에 최소한의 손상을 주는 것으로 한다.

(5) 구조용 강재

- 구조용 강재는 보강설계 내용과 사용목적에 따라 적절한 것을 사용해야 한다.

- 구조용 강재는 KS에 합격한 재료를 사용하되 강재의 검사통칙 KS D 0001에 의하여 작성된 밀시트와 대조·확인하여야 한다.

- 강재의 종류는 해당 KS 기준에 준하되 본 규격품 이외의 강재를 사용하고자 할 때는 사용강재의 해당 KS 절차에 의하여 제시험에 합격한 품질확인서를 제출하여 감독원의 승인을 받아 사용할 수 있다.

(3)에 대하여

앵커는 기존 거더의 상태(균열의 발생유무, 강도 등)를 고려하여 설계에서 고려된 충분한 하중부담능력을 갖는 형식을 선정하여야 한다. 기존 거더의 단부는 PS 강재 및 철근이 매우 복잡하게 설치되어 있으므로 기존 교량에 2차 손상이 발생하지 않도록 시공해야 한다. 고하중 앵커는 삽입된 후 그 끝부분이 물리적인 확장을 함으로써 부착력을 얻기 때문에 확장된 부분의 콘크리트는 응력을 받게 된다. 따라서 앵커사이의 거리가 근접된 곳이나(보통 앵커길이의 2~3배 이내) 콘크리트 모서리 및 가장자리에 앵커가 설치되면 콘크리트가 깨짐으로서 부착력이 감소할 수 있다. 그러므로 간격이 근접한 곳이나 콘크리트 가장자리 부근에는 고하중 앵커를 설치하기에 부적당하다. 시공 상황에 따라 기계식 앵커가 부적당한 경우에는 실험에 의해 성능이 확인된 부착식 앵커를 사용할 수 있다. 부착식 앵커는 실험을 통해 기계식 앵커와 동등 이상의 성능이 확인된 경우에 사용할 수 있다.

3.2.3 재료의 취급

사용하는 재료는 제조사의 권장사항 및 특성을 고려하여 보관 및 취급하여야 한다.

3.3 정착구 및 새들의 제작

3.3.1 일반사항

(1) 정착구 및 새들은 강재를 사용하여 제작하는 것으로 한다. 복합재료 등 신재료를 활용할 경우에는 실험에 의해 강재 성능 이상인 것을 확인하고 발주처와 협의하여 사용하는 것으로 한다.

(2) 정착구 및 새들은 프리스트레스의 정착력과 편향력을 기존 거더에 원활하게 전달하고, 보강 긴장재의 배치형상을 유지하는 것이 가능한 구조로 한다.

긴장보강공법 중에는 철근과 콘크리트를 사용하여 기존 거더에 추가로 정착구나 새들을 블록형태로 형성하여 프리스트레스를 도입하는 공법도 있다. 그러나, 본 시공지침에서는 긴장보강공법에 이용되는 모든 부속물은 강재로 제작된 것으로 한정하기로 한다. 사용강재의 치수 및 두께에 대한 검사기준은 KS D 3500에 따른다.

보강공사를 할 경우 한정된 공간에서 재료 반입 및 조립을 해야하는 경우가 많기 때문에 시공성도 고려하여 정착구와 새들의 구조를 선택할 필요가 있다.

정착구에서는 보강 긴장재의 프리스트레스에 의해 국부적인 인장력이 발생하는 것도 고려해야 한다. 따라서 정착구는 보강대상 구조물에 가장 접합한 구조로 선택할 필요가 있다.

3.3.2 앵커 구멍 천공

(1) 구멍뚫기는 소정의 지름으로 정확하게 뚫어야 하되 드릴 및 리머 다듬질을 병용하여 마무리해야 한다. 가조립하기 이전에 소정의 지름으로 구멍을 뚫을 때에는 템플레이트를 사용해야 한다.

(2) 판두께 16mm 이하의 강재에 구멍을 뚫을 때는 눌러뚫기에 의하여 소정의 지름으로 뚫을 수 있으나 구멍 주변에 생긴 손상부는 깎아서 제거해야 한다.

(3) 드릴은 누적사용기간을 정해 교체시기를 결정하여 교체하여야 한다.

(4) 구멍의 직각도는 1/20 이하이어야 하며 구멍의 허용오차는 기준값 이내이어야 한다.

NC 구멍뚫기로 구멍을 뚫는 경우는 정밀도를 확인한 후 사용하여야 하고, 개개의 구멍 직경의 허용오차에 맞는 드릴 지름을 선정하여 사용해야 한다.

호칭	공경(mm)	구멍의 허용오차 (mm)	
		일반의 경우	볼트군의 20%에 대하여 인정될 수 있는 값
M 20	22.5	+ 0.5	+ 1.0
M 22	24.5	+ 0.5	+ 1.0
M 24	26.5	+ 0.5	+ 1.0
M 27	30	+ 1.0	+ 1.5
M 30	33	+ 1.0	+ 1.5
M 35	39	+ 1.0	+ 1.5

3.3.3 강재의 용접

(1) 용접은 반드시 용접공의 자격을 갖춘 자가 실시한다.

(2) 용접은 제출한 용접절차서에 준하여 실시하되 추가적인 내용과 변동사항은 반드시 기록하여 제출하여야 한다.

(3) 용접은 설계도서에 명시된 용접 치수를 준수하여 실시한다.

(4) 도급자는 작업자가 용접절차서를 숙지할 수 있도록 충분히 교육할 책임이 있다.

(5) 용접 완료 후에는 반드시 용접 검사 자격을 갖춘 자의 검사를 받는다.

(6) 기타 본 시공지침에서 규정하고 있지 않은 사항은 도로교 표준시방서를 따르는 것으로 한다.

해설

정착구와 새들은 재단된 강판에 용접을 하여 제작하기 때문에 용접의 품질은 긴장보강공법의 성능을 좌우할 수 있다. 따라서, 반드시 용접 치수를 준수하여 제작해야 한다.

3.4 시 공

3.4.1 일반사항

보강공사 전에 공사자재 및 공사공구의 준비, 보관, 구조물의 상태, 위치, 작업조건, 주변 환경 등의 사항에 대하여 사전현장답사와 검토를 수행한 후 시공 및 공정계획을 수립한다.

(1) **시공방법의 검토** : 대상 구조물의 위치, 작업조건 등의 현장여건을 확인하여 교통통제, 안전망 설치 등 제반사항을 검토하여 시공방법을 결정한다.

(2) **준비사항** : 시공 전에 공사자재 및 공구의 입수, 시공내용의 기록, 사진촬영, 확인 등이 이루어져야 한다. 또한 다음의 문서들을 사전에 준비하여 공사 시작 전에 발주처의 승인을 받아야 한다.

① **공정표 및 시공계획서** : 공정표와 시공계획서는 설계도서에 나타낸 보강내용을 공사

기간 내에 완성시키기 위하여 사전에 공정, 품질관리, 안전관리를 포함한 보강공사 전반에 대한 내용을 충분히 검토하여 작성한 후 시공 전에 발주처의 승인을 받아야 한다.

② **재료품질 및 검사보고서** : PS 긴장재 및 기타 프리스트레싱 재료에 대한 시료 또는 시편과 함께 제조업체의 시험성적서와 보증확인서를 제출하여야 한다.

3.4.2 사전조사

공사에 앞서 기자재의 준비, 재료의 보관, 바닥판 밑면의 콘크리트, 형상, 콘크리트 바탕 처리 및 단면복구, 요철조정 등의 사항에 대하여 검토한 후 시공 및 공정계획을 수립한다.

해설

시공을 시작하기 전에는 현장조사를 실시하고, 장애물이 있는 경우에는 사진촬영이나 스케치 등으로 기록하며, 시공 전에 감독원과 협의하는 것으로 한다. 또한 주변환경조건을 포함한 시공조건에 대해서도 시공방법의 검토에 반영할 수 있도록 충분히 파악해 둘 필요가 있다. 주요 조사항목은 아래와 같다.

① 도로상의 교통조건
- 도로와 도로, 철도, 하천 등의 교차조건 및 인접구조물 등의 확인
- 도로상의 교통량 파악
- 교통규제의 필요 유무 (시간대에 따른 필요성)
  주요 도로에서 교통규제를 하는 경우에는 작업시간대를 충분히 검토한 후, 각 관계기관 과 면밀히 협의해야 할 필요가 있다.
② 반입로의 확인
- 시공기계 및 자재 반입로의 확인
- 우회로가 필요한 경우는 우회로의 확보
③ 기타
- 그 외에 공사와의 조정

3.4.3 준비사항

긴장보강공법 시공 전 공사자재 및 공구의 입수, 시공내용의 기록, 사진촬영, 확인 등에 대한 시공계획이 규정되어 있고, 다음의 문서들의 작성 및 발주처 승인에 대한 사항이 수립되어 있어야 한다.

① 공정표 및 시공계획서

② 재료품질 및 검사보고서

3.4.4 시공절차

시공절차는 다음과 같다.

(1) **현지조사** : 장해물의 유무, 공사장비 및 자재의 운반조건 등을 확인하여 발주처에 보고한다.

(2) **동바리 설치** : 작업용 동바리와 안전시설은 진동이나 흔들림이 발생하지 않도록 설치한다.

(3) **기존 구조물의 조사**

① 손상조사기록과의 대조

② 정착장치 위치의 표시

③ 철근과 내부 PS 긴장재의 위치 확인

해설

조사결과에 따라서는 시공계획이 대폭적인 변경을 요하는 경우도 있기 때문에, 기존 거더의 조사는 비계설치 후 될 수 있는 대로 빠른 시기에 실시하고 손상정도를 파악하여야 한다. 조사는 외관조사를 기본으로 하고 새로운 손상이 확인되는 경우에는 추가로 기록해야 하며, 대조하여 확인한 결과 손상상황이 설계시의 기록과 현저히 다를 경우는 감독원에게 보고하고 협의한다.

시공에 지장을 초래할 우려가 있는 기존 거더 및 그 밖의 부착물 등에 대해서는 시공 전에 감독자에게 보고하고 협의한다.

보강 긴장재의 정착구 및 새들은 보강공법에 따라 다르므로 PS 강재의 인장시스템에 따른 작업공간을 확보해야 한다. 정착구 후방에서의 인장작업공간을 확보할 수 없는 경우에는 대책을 마련해야 한다.

보강 긴장재를 지지하기 위한 정착구나 새들은 부분적으로 또는 전체적으로 앵커나 PS 강봉에 의해 지지되기 때문에 기존 거더에 구멍을 뚫어 설치할 필요가 있다. 그러나 기존 거더에는 철근이나 PS 강재 등 같은 구조적 요소가 내재해 있으므로 구멍뚫기 작업을 통해 이를 손상시킬 경우에는 심각한 결과를 초래할 수 있다. 따라서 시공에 앞서 기존 거더의 조사요령으로 PS 강재의 위치를 확인한다.

위치조사는 전자파 레이다법, X선법 등에 의해서 실시하고, 위치를 확인한 후에 구멍뚫기 작업을 하는 것을 원칙으로 한다.

기존 거더의 조사결과 정착구나 새들을 고정시키기 위한 앵커나 PS 강봉의 위치가 철근이나 내부의 PS 강재와 접촉하는 것이 판명된 경우 등의 구멍뚫기 위치를 변경할 경우에는 감독원과 협의한 후 이것을 변경하여야 한다.

구멍뚫기 위치를 변경할 때에는 정착구나 새들의 전체적인 도심이 설계도서의 도심위치와 일치하도록 하여야 한다. 또한 위치변경으로 인해 정착구와 새들이 상호 소정의 기능을 손상받지 않도록 충분한 검토를 하여야 한다.

내부 PS 강재 조사에 이용하는 전자파 레이다법 및 X선법에 대해서는 그 특징, 성능을 충분히 이해하고 이용해야 한다.

(4) 정착장치 제작 및 시공

① 설치위치의 바탕처리

② 앵커볼트의 구멍천공

③ 표면매립방식, 마찰지지방식, 지압지지방식 및 전단지지방식 정착장치 설치

④ 실링

⑤ 채움재 주입

해설

기존 거더의 수치는 시공오차 등에 의해 설계도서와 다를 경우가 있기 때문에 반드시 실측하고 확인해야 한다.

구조물의 상황에 의해 거더 전체의 수치측정이 곤란한 경우에는, 가로보·단면변화점 등에

의해서 거더의 중심을 결정하는 것이 좋다. 거더의 단부에서부터 한쪽 방향으로만 측정하여 표기해서는 안 된다.

긴장보강공법 중 정착구와 거더 사이의 마찰력으로 외부 프리스트레스를 지지하는 방식의 경우, 정착구를 거더에 밀착시키기 위해 일반적으로 PS 강봉을 사용하여 긴장력을 도입하므로 마찰력을 얻는다. 이때 긴장용 PS 강봉을 설치하기 위해 기존 거더에 구멍뚫기가 필요하게 되므로 정밀하지 못한 장비를 사용하여 구멍뚫기를 할 경우 기존 거더에 손상을 발생시킬 우려가 있다.

해머드릴의 사용은 구조물에 충격을 가하여 구멍을 뚫는 주변의 콘크리트를 손상시키는 경우가 있기 때문에 사용해서는 안 된다. 기존 거더의 구멍뚫기에는 코어채취기를 사용하는 것을 원칙으로 하지만 워터제트를 이용해서도 구멍을 뚫을 수 있다. 코어채취기를 이용하는 경우에는 지그 또는 콘크리트용 앵커 등으로 고정할 필요가 있지만, 콘크리트용 앵커 등은 천공위치 인근에 설치하여 기존 거더의 손상을 적게 하는 것이 바람직하다. 작업 중 PS 강재에 접촉한 경우에는 즉시 작업을 중지하고 감독원에게 보고 및 협의하여야 한다.

일반적으로 콘크리트 구조물에 중량물을 부착시키는 방법으로 앵커를 사용하고 있다. 콘크리트에 헤머드릴이나 다이아몬드 드릴링 머신으로 앵커의 규정깊이만큼 구멍을 뚫고 금속 앵커를 삽입한 후 삽입된 앵커의 끝부분을 물리적으로 확장시킴으로서 부착력을 얻는 방법이다.

고하중 앵커는 삽입된 후 그 끝부분이 물리적인 확장을 함으로써 부착력을 얻기 때문에 확장된 부분의 콘크리트는 응력을 받게 된다. 따라서 앵커사이의 거리가 근접된 곳이나(보통 앵커길이의 2~3배 이내) 콘크리트 모서리 및 가장자리에 앵커가 설치되면 콘크리트가 깨짐으로서 부착력이 감소할 수 있다. 그러므로 간격이 근접한 곳이나 콘크리트 가장자리 부근에는 고하중 앵커를 설치하기에 부적당하다. 또한 시공시 상황에 따라서는 이러한 금속앵커가 부적당한 경우가 있는데, 이러한 경우 케미컬 앵커가 사용된다. 케미컬 앵커는 콘크리트와 사용볼트 사이를 특수한 강력 화학제로 접착시켜 부착력을 얻는 방법으로 내진, 내식 등 어려운 조건에서도 우수한 기능을 가졌다

(5) 보강 긴장재 시공

① 보강 긴장재 설치

② 보강 긴장재의 프리스트레싱

인장작업의 관리는 일반적으로 신장량을 mm단위로 계측할 수 있지만, 정착용 PS 강봉의 경우는 경우에 따라서는 1m 정도 이하로 상당히 짧기 때문에 늘어나는 양도 상당히 작다. 그러므로 PS 강봉의 늘음량을 0.1mm 단위로 계측을 하는 등 계측정밀도를 높일 필요가 있다. PS 강봉 인장시의 접착제의 압축강도는 15MPa 이상으로 한다. 도로교표준시방서에 따르면 PSC 부재의 긴장작업 시 강도는 최대 압축응력의 1.7배 이상 필요하다. 또한 평균 횡방향응력을 15MPa로 고려하고 지압응력에 대한 안전율을 3으로 하고 있기 때문에, 이 경우에 대해서도 똑같이 콘크리트의 압축강도를 15MPa 이상으로 하였다.

(1)과 같이 PS 강봉 신장량은 상당히 작다. 이 때문에 보통의 PSC 부재(길이가 긴 PS 강재-늘음량이 큰 경우)에서는 무시할 수 있는 정착구 오차나 정착손실 등이, 정착용 PS 강봉의 인장력 감소에 미치는 영향은 커진다. 따라서 긴장용 PS 강재의 인장작업에서는 일련의 인장작업을 마친 후, 적당한 시기에 재인장을 실시하고 틈새 등으로 감소한 도입 인장력을 보충할 필요가 있다.

보강 긴장재에 의한 보강성능 확인은 프리스트레싱에 의한 긴장재의 늘음량과 인장기의 압력값을 이용하여 1차적으로 알 수 있으나, 거더의 실제 상황과 설계 간의 차이로 인해 설계도서에서 의도한 결과를 얻지 못할 수도 있다. 이러한 경우를 대비하고, 또한 차후 유지관리 차원에서 보강 긴장재의 긴장력을 측정할 수 있는 장치의 임시 또는 영구 설치, 현재 상태에 대한 프리스트레싱 후의 솟음량 측정 등을 계획해야 한다.

(6) **방청처리** : 정착장치, 보강 긴장재, 정착구 등은 반드시 방청처리하는 것으로 한다.

(7) 동바리 제거

3.4.5 동바리 시공

(1) 시공자는 콘크리트 시공 전에 동바리 제작도면과 구조계산서를 제출하여 발주처의 승인을 받아야 한다.
(2) 동바리 설치도면에는 콘크리트 타설순서, 시공이음 위치를 나타낸 상부 구조물 설치도를 포함하여야 한다.
(3) 동바리 철거 시기, 순서, 안전대책 등이 제시되어야 한다.

3.4.6 마찰지지방식의 시공순서

마찰지지방식에 의한 긴장보강공법의 시공절차는 다음과 같다.

(1) **자재의 운반 및 보관, 작업대 설치** : 자재의 보관은 건조하며, 기상의 영향을 받지 않는 곳에 보관한다.

(2) **철근탐사** : 철근탐사의 방법은 비파괴 탐사법을 사용한다.

(3) **천공작업** : 보강공사에 있어서 천공작업은 강봉을 설치하기 위한 목적으로 실시한다.

(4) **정착구의 제작 및 설치** : 정착구의 설치는 텐던(tendon)의 입사각과 직결되므로 정확한 위치에 정확한 각도를 유지하여 설치해야 하며, 강봉을 이용하여 견고하게 부착 시킨다.

(5) **강봉의 인장** : 정착구의 강봉 인장은 텐던에 의한 마찰력을 증대시키기 위한 것이다.

(6) **방향 변환부의 제작 및 설치**

(7) **쉬스 설치** : 쉬스는 설치 시작점에서 끝점까지 중간에 연결부가 있어서는 안 된다.

(8) **강선의 제작 및 설치** : 강선을 설치한 후, 헤드와 웻지(wedge)를 설치하여 강선이 흘러 내리는 것을 방지한다.

(9) **강선의 긴장작업** : 강선의 긴장은 시공계획서에 따른다.

(10) **보호캡 설치** : 긴장작업 완료 후, 정착구를 보호하기 위하여 보호캡을 설치한다.

3.4.7 지압지지방식의 시공순서

지압지지방식에 의한 긴장보강공법의 시공절차는 다음과 같다.

(1) **방향 변환부 설치** : 거더의 중앙과 양측면에 철재 방향 변환부를 앵커볼트를 이용하여 설치한다.

(2) **자켓세트앵커 천공** : 거더 단부를 감싸는 정착장치를 거치한 후, 정착장치에 시공될 앵커의 구멍을 천공한다.

(3) **세트앵커 설치 및 자켓 설치** : 세트앵커를 이용하여 단부의 정착장치를 고정한다.

(4) **강봉 설치** : 거더의 시공 시 만들어진 관통형 가설공에 강봉을 끼워서 정착장치가 지지 될 수 있도록 정착장치 지지용 강봉을 설치한다.

(5) **에폭시 주입** : 정착구 및 중간방향 변환부의 부착 부위는 접착력이 우수한 에폭시 접착

제로 충전한다.

(6) **쉬스 설치** : 쉬스는 강선을 보호하기 위한 2차 보호장치로써 호칭경 긴장재를 보호할 수 있는 적당한 직경 크기의 튜브(tube)를 사용한다.

(7) **강연선 및 정착구 설치** : 쉬스관에 강연선을 넣어서 설치하고 정착구를 설치한다.

(8) **강연선 인장** : 강연선은 좌우 대칭이 되도록 양쪽에서 동시에 잭킹(jacking)한다.

(9) **그리스 주입 및 보호캡 설치** : 재긴장이 가능하도록 쉬스관 내부에 강연선의 부식을 방지하기 위하여 그리스 주입과 노출된 정착 부위에 그리스 도포 후 보호캡을 씌운다.

3.4.8 전단지지방식의 시공순서

전단지지방식에 의한 긴장보강공법의 시공절차는 다음과 같다.

(1) **자재의 운반 및 보관, 작업대 설치** : 강연선은 운반 시 표면에 흠이 발생하지 않도록 주의하며 작업대는 작업자의 안전을 확보할 수 있는 것이어야 한다.

(2) **철근탐사** : 철근탐사의 방법은 비파괴 탐사법을 사용한다.

(3) **천공작업** : 보강공사에 있어서 천공작업은 강봉을 설치하기 위한 천공 목적으로 실시한다.

(4) **정착구 및 강봉 설치** : 세트앵커를 이용하여 단부의 정착장치를 고정한다.

(5) **에폭시 주입** : 정착구 및 중간방향 변환부의 부착 부위는 에폭시 접착제로 충전한다.

(6) **쉬스 설치** : 쉬스는 설치 시작점에서 끝점까지 중간에 연결부가 있어서는 안 된다.

(7) **긴장재의 설치** : 긴장재의 설치는 위치와 간격을 사전에 정확하게 명시한 후, 설치하도록 하며 긴장 작업 시 긴장재가 쓸려 파손되지 않도록 하여야 한다.

(8) **강선의 긴장작업** : 긴장재의 긴장은 힘이 평형을 유지할 수 있도록 동시에 긴장하며 강선의 쏠림이 없도록 유지하여야 한다.

(9) **보호캡 설치** : 긴장작업 완료 후 정착구를 보호하기 위하여 보호캡을 설치한다.

3.4.9 표면매립방식의 시공순서

표면매립방식의 시공절차는 다음과 같다.

(1) **자재의 운반 및 보관, 작업대 설치** : 섬유보강복합재료 및 강연선은 운반 시 표면에 흠이 발생하지 않도록 주의하며 작업대는 작업자의 안전을 확보할 수 있는 것이어야 한다.

(2) **철근탐사** : 철근탐사의 방법은 비파괴 탐사법을 사용한다.

(3) **홈파기 작업** : 보강공사에 있어서 천공작업은 긴장재 및 정착구를 설치하기 위한 천공 목적으로 실시한다.

(4) **정착구 에폭시 주입** : 정착구 에폭시 접착제로 충전한다.

(5) **정착구** : 기계식앵커를 이용하여 단부의 정착장치를 고정한다.

(6) **긴장재의 설치** : 긴장재의 설치는 위치와 간격을 사전에 정확하게 명시한 후, 설치하도록 하며 긴장 작업 시 긴장재가 쓸려 파손되지 않도록 하여야 한다.

(7) **섬유복합재료 및 강선 긴장작업** : 긴장재의 긴장은 힘이 평형을 유지할 수 있도록 동시에 긴장하며 긴장재의 쏠림이 없도록 유지하여야 한다.

(8) **에폭시 주입** : 긴장 후 홈파기 길이 만큼의 에폭시 충전

(9) **보호캡 설치** : 긴장작업 완료 후 정착구를 보호하기 위하여 보호캡을 설치한다.

3.4.10 앵커 시공

(1) 앵커는 시공도면과 시방서에 따라 설치되어야 하고, 시공도면과 시방서에는 앵커에 대하여 설계에서 제시한 최소 연단거리규정을 만족하도록 명기하여야 한다. 앵커의 성능 특성은 앵커의 설치에 의존한다. 앵커성능과 변형은 ACI 355.2에 따른 인증시험에 의해 평가 할 수 있다.

(2) 일부 앵커는 구멍직경, 구멍의 청결 정도, 앵커축의 방향, 설치 시 발생되는 비틀림의 양, 균열폭 등 다양한 변수의 변화에 민감하다. 이러한 설치 민감도는 앵커 등급별로 할당된 강도감소계수 값에 간접적으로 반영되지만, 이는 설치 안전시험결과에 따라 약간씩 달라진다.

(3) 앵커 요소가 부정확하게 변경되거나, 앵커 설치 기준 및 절차가 지정된 것과 다른 경우, 인증시험결과에 벗어나게 될 수 있으므로 시방서에 제조업자의 설치 지침에 따라 앵커를 설치하도록 분명히 요구하여야 한다.

3.5 품질관리

3.5.1 일반사항

(1) 긴장보강공법을 시공하기 위하여 사용재료, 기계설비, 시공방법, 완성 후의 구조물의 공사 전반에 걸쳐 품질관리 및 검사를 실시하여야 한다.

(2) 검사는 소요 품질을 갖는 콘크리트 구조물이 시공되었는지를 확인하기 위하여 필요한 시험을 실시하여 그 결과가 판정기준에 적합하면 합격으로 한다.

(3) 긴장보강공법 보강 중에 실시하는 검사는 아래 항목에 대하여 실시한다.

① 시공계획서에 준하여 공사가 진행되었는지를 확인하여야 한다.

② 현장검사는 각 공정마다 실시한다.

③ 정착장치의 채움재 및 주변 실링재의 시공 후 상태 등은 육안으로 검사한다.

④ 시공완료 후에 강판, 볼트, 긴장재, 정착장치 등이 잘 배치되었는지 확인한다.

⑤ 보강 긴장재는 재인장 장치 및 변형률게이지를 부착하여 확인한다.

⑥ 구조물의 거더 단면의 응력상태를 변형률게이지 등을 부착하여 확인한다.

⑦ 에폭시계 수지 등의 오염, 흡입에 의한 재해에 대하여 대책을 마련하여야 한다. 또한 작업자는 제품안전위생에 대하여 제품 취급 시 주의사항을 숙지하고 이를 반드시 지켜야 한다. 또한, 보강공사 시에는 수지류, 세정용 신너, 경화제 등의 각종 위험물을 취급하므로 흡연, 스토브 사용은 물론 화기를 엄금한다.

⑧ 보강공사 중 발생하는 폐자재는 지정된 방법에 의하여 폐기한다.

3.5.2 재료검사

(1) 재료검사는 긴장 시공 전에 재료와 시공설비 성능을 확인하여 계획된 보강시공이 가능한지를 확인하기 위하여 실시한다.

(2) 긴장 보강에 사용되는 재료가 요구성능을 만족하는지 확인한다.

3.5.3 공종별 품질관리

공종에 있어 시공완료 후 정착장치의 들뜸, 박리 등의 시공불량은 시공할 때마다 검사를 실시하고 시공불량 부분은 보완 후 견고하게 한다. 또한 정착장치 및 긴장재 등의 부식을 방지하여야 한다.

3.5.4 시공검사

(1) 긴장보강공법에 의해 보강된 구조물이 요구성능을 만족하는 것을 확인하기 위하여 검사계획을 수립하고, 공사 각 단계에서 필요한 검사를 실시한다.

(2) 긴장보강 시공 전에 시공범위를 검사에 의하여 확인하고, 시공대상의 콘크리트 표면이 긴장보강에 지장이 없는지를 확인한다.

(3) 시공 중에는 시공관리가 실시되어 긴장 보강의 요구성능이 충족되는지를 확인한다.

(4) 검사결과 합격으로 판정되지 않는 경우는 요구성능을 충족하도록 조치한다.

3.5.5 완료검사

(1) 긴장보강공법에 의한 보강이 완료된 후 요구성능을 만족하는 것을 확인하기 위하여 일체성, 사용성 등에 대하여 완료검사를 실시한다.

(2) 완료검사는 검사항목을 정하고 서류검사 및 현장검사를 실시한다.

(3) 완료검사결과 합격으로 판정되지 않는 경우에는 조치를 취하고 요구성능을 충족하게 하여야 한다.

제4장 (부착 보강공법

4.1 일반사항

4.1.1 적용범위

(1) 본 지침은 기존 철근콘크리트 보 및 슬래브 등의 구조물을 대상으로 섬유보강복합재료
에 의한 보강공법의 시공에 적용한다.

(2) 섬유보강복합재료를 이용한 보강공법의 시공은 지침의 각 조항에 따라 행하는 것을
원칙으로 한다.

(3) 부착 보강공법의 시공은 충분한 지식을 갖고 있는 기술자에 의해 수행되는 것을 원칙으
로 한다.

(4) 본 지침에서 규정하는 사항 이외의 철근콘크리트 구조물 설계 및 시공에 공통인 일반적
사항은 국내외 관련 규준에 따른다.

해설

> 본 지침은 기존 철근콘크리트 구조물의 보강공사에 적용한다. 부착 보강공법이란 용도변경
> 등에 의하여 내력의 추가적인 증가가 필요하거나 강도가 부족하여 균열 및 처짐이 발생한
> 구조부재 또는 철근부식 등의 성능저하에 의하여 보강이 필요한 구조부재를 대상으로 섬유
> 보강재에 의하여 구조물의 내력을 증가시키는 것을 말한다. 한편, 본 지침은 현재까지의
> 연구성과를 중심으로 작성된 것으로 본 지침 이외의 방법이나 재료, 보강상세를 적용하는
> 경우에는 새로운 실험에 근거하여 보강효과를 확인할 필요가 있다.
> 부착 보강공법은 섬유보강복합재료를 함침용 에폭시수지를 이용하여 콘크리트 표면에 접착
> 시킴에 따라 복합재료와 기존 콘크리트 구조물이 일체화하여 소요 보강 성능을 발휘하는 것
> 이다. 따라서 이러한 상태를 만족하기 위하여 적절한 공법, 재료의 선정, 시공 및 시공관리를
> 하며 또한 보강 후, 소요 성능을 유지하기 위하여 적절한 방법으로 유지관리 할 필요가 있다.
> 보강 성능을 확보하기 위해 현장 특유의 작업환경 조건을 토대로 현장의 상황에 맞는 판단이

필요하며, 시공을 담당하는 공사관리자와 작업원의 기량에 따른 영향이 비교적 크기 때문에 관리자 및 작업원의 선정에 있어서는 자격의 유무, 경험 연수 등을 고려하는 일이 중요하다.

4.1.2 시공 제한

(1) 부착 보강공법은 손상된 구조물의 강도회복을 목적으로 적용되는 공법으로 응력상태 및 처짐개선 등의 보강목적으로는 사용할 수 없다.

(2) 부착 보강공법의 최대 사용 온도는 부착 보강공법의 유리전이온도를 초과할 수 없다.

(3) 부착 보강공법의 적용은 콘크리트 표면의 인장강도가 1.5MPa 이상, 압축강도는 17 MPa 이상인 것을 원칙으로 한다.

해설

콘크리트 표면은 섬유보강복합재료에 힘을 전달할 수 있는 인장 및 전단강도를 갖고 있어야 한다. 접착인장강도 시험에 의하여 콘크리트 표면의 인장강도는 적어도 1.5MPa 이상이어야 하며 콘크리트의 압축강도가 17MPa보다 작으면 부착 보강공법의 사용은 바람직하지 않다.

4.1.3 용어의 정의

● 섬유강화플라스틱(Fiber Reinforced Plastics) : 탄소섬유, 유리섬유, 아라미드섬유와 결합제(접착제)인 수지가 완전히 경화한 상태에 있는 것. 각각 섬유의 종류에 따라 CFRP(Carbon), GFRP(Glass), AFRP(Aramid)로 구분하며, 본 지침에서는 섬유보강복합재료로 통칭한다.

● 프라이머(Primer) : 콘크리트 표면에 도포시켜 콘크리트의 표면을 보강함과 동시에 보강재와의 접착성을 향상시키는 수지

● 함침(含浸) : 섬유쉬트에 접착용 에폭시가 충분히 스며들도록 하는 작업

● 퍼티 : 콘크리트 표층의 요철 및 공극을 메꾸어 섬유보강복합재료 부착 시 콘크리트와의 사이에 공극이 생기지 않게 사용하는 크림상의 수지

- **접착강도(接着强度)** : 콘크리트와 보강재 또는 보강재와 접착제 사이의 접착력(연직방향)에 대한 강도

- **부착강도(附着强度)** : 콘크리트와 보강재 또는 보강재와 접착제 사이의 부착력(전단방향)에 대한 강도

- **가사시간(可使時間)** : 수지 등에 있어서 경화가 진행되기 이전에 작업이 가능한 시간

- **하도 도포(下塗 塗布)** : 섬유쉬트 부착전, 함침 및 접착을 위해 수지를 도포하는 작업

- **상도 도포(上塗 塗布)** : 섬유쉬트 부착후, 함침을 위해 수지를 도포하는 작업

- **유리전이온도(Glass transfer temperature, T_g)** : 취성적인 고체에서 점성이 있는 상태로 변하는 온도

4.2 사용재료

4.2.1 규정 사용재료

여기서는 부착 보강공법에 필요한 재료만을 규정한다. 그 외의 재료(철근·콘크리트·시멘트·보수용재료 등)에 대해서는 국내외 기준, 규준 및 지침 등의 종래의 규정을 준용한다.

4.2.2 섬유보강복합재료

(1) 섬유보강복합재료는 시험기준에 준거하여 인장시험을 실시한 결과, 각 섬유보강복합재료별로 설계서에 제시된 특성값 이상의 제품을 사용해야 한다.

(2) 섬유보강복합재료를 2매 이상 시공하도록 계획된 경우에는 시공 매수와 동일한 매수에 대해 인장시험을 실시하며, 각 섬유보강복합재료별로 설계서에 제시된 특성값 이상의 제품을 사용해야 한다.

해설

섬유보강복합재료의 인장강도는 섬유와 함침수지의 조합에 의해 변화할 수 있고, 강도의 균일하지 않음이 강재에 비해 크다고 알려져 있다. 인장강도의 분포에 대해서는 인장강도와 파괴확률의 관계로부터 정리된 것은 아니고, 분포 특성도 충분히 파악되어 있다고는 할 수 없지만 인장강도의 특성값은 실험에 의한 평균강도에서 표준편차의 3배값을 뺀 것을 사용한다. 평균값에서 3배의 표준편차를 뺀 값은 인장강도의 99.9% 신뢰 한계값을 의미한다. 또한 섬유보강복합재료의 인장시험은 기준에 준거하여 인장시험을 실시하여야 하며 인장강도 시험 각 결과값이 제조사가 제시하는 특성값을 만족하여야 한다.

4.2.3 기타

(1) 프라이머 : 프라이머는 반드시 섬유보강복합재료 제조사가 보증하는 제품을 사용해야 한다.

(2) 함침용 에폭시 수지재료 : 함침용 에폭시수지는 반드시 섬유보강복합재료 제조사가 보증하는 제품을 사용해야 한다.

해설

기존의 대부분의 연구 및 실험 결과들은 섬유보강복합재료의 섬유 제조사가 추천하거나 제조한 에폭시 및 프라이머를 대상으로 이루어졌다. 따라서, 시험되지 않은 재료에 대한 불확실성을 미연에 방지하기 위하여 반드시 섬유보강복합재료 제조사에서 제조되거나 성능을 보증하는 제품을 사용하도록 한다.

4.3 시공 준비

(1) 섬유보강복합재료를 이용한 보강공법의 시공은 콘크리트 구조물의 보강 설계에 근거하며, 시공조건 및 환경조건을 고려하여, 공사의 요건을 만족하도록 책정한 시공계획에 따라 행해야 한다.

(2) 시공계획은 시공순서, 공정 및 품질관리방법을 나타낸 것이어야 한다.

시공계획의 여부는 시공 확실성과 안전성에 크게 영향을 준다. 그렇기 때문에, 시공을 확실히 하기 위해 설계상 시공계획에 있어서 아래의 사항을 고려할 필요가 있다.

① 작업 가능 시간대를 고려한 무리 없는 공정계획

② 충분한 작업공간 확보

③ 품질이 확실한 재료가 필요 수량으로 입수 가능해야 함

④ 필요한 능력과 충분한 경험이 있는 시공자

또, 안전하게 시공하기 위하여 아래의 사항을 배려할 필요가 있다.

① 시공자의 안전 확보를 위한 방책을 제시

② 제3자의 안전 확보를 위한 방책을 제시

③ 공용시설의 파손 방지책을 제시

④ 사고가 발생한 경우, 신속하게 대처할 수 있도록 체제를 확립

⑤ 폐기물 처리방법 제시

콘크리트 구조물의 보강에 이용하는 섬유보강복합재료에는 쉬트 및 판형이 있는데, 설계상 요구성능에 의해 각각 최적의 것이 선택되며, 특성을 활용한 시공순서를 정할 필요가 있다. 섬유보강복합재료에 의한 보강공법의 시공 순서는 아래의 사항을 표준으로 한다.

① 사용재료의 반입 및 보관

② 준비

③ 콘크리트 표면처리

④ 프라이머 도포

⑤ 섬유보강재료 접착

⑥ 양생 및 마감

⑦ 기존설비복구

또 시공현장의 작업환경이나 작업시간 등의 제약을 고려하여, 시공항목에 맞는 공정과 설계상의 요구성능을 확보하기 위한 품질관리법을 명시할 필요가 있다.

4.4 부착 보강 시공

4.4.1 재료의 취급

재료의 운반, 보관, 조합·가공 및 사용 등의 취급은 재료의 변질과 안전성에 관한 취급상의 주의사항을 사전에 확인하고 그것을 준수하여야 한다.

(1) 사용 재료는 제조자로부터 제출되는 시험 성적표에 따라 그 품질을 확인하여야 한다.

(2) 사용 재료는 운반이나 보관 중에 보강 성능에 영향을 미치는 열화가 진행되지 않도록 각 재료의 특성에 맞게 운반, 보관한다.

(3) 희석 용제를 함유한 수지는 용기의 밀폐를 확실하게 하고, 직사광선을 피해 그늘진 서늘한 곳에 보관하여야 한다.

해설

부착 보강공법에서 사용하는 재료는 섬유보강복합재료의 역학특성뿐만 아니라 함침용 에폭시수지 등 재료 전체의 품질이 확실한 것을 이용한다. 또 완성 시에는 이러한 재료가 조합된 복합체로서의 성능이 중요하며 복합체로서의 시험에 의해 강도나 열화특성 등의 성질이 확인된 것을 사용할 필요가 있다.

사용 재료는 그 품질이 보강효과에 영향을 주기 때문에 재료의 반입 시 품질을 확인할 필요가 있다. 일반적으로 사용 재료는 제조자의 품질 규격에 근거하여 제조되고 있으며 제조자로부터 제출되는 시험 성적표에 따라 그 품질을 확인하여야 한다.

시험성적표에는 섬유보강복합재료의 인장강도, 내구성, 크리프 저항성, 표면 부착성능 등 역학적, 물리적, 화학적 설계요구사항에 대한 정보가 들어가야 한다.

운반, 보관 중이나 조합·가공, 사용에 있어서 보강재나 접착제 등의 재료가 열화되면 충분한 강도·접착성이 확보되지 않는 등 소요 보강 성능을 얻는 것이 불가능하다. 이렇기 때문에 사용하는 재료는 운반이나 보관 중에 보강 성능에 영향을 미치는 열화가 진행되지 않도록 각 재료의 특성에 맞게 운반, 보관한다. 또 섬유보강복합재료는 함침용 에폭시수지를 함침·경화시키기 전에는 손상되기 쉽고, 또 보강재의 종류에 따라 자외선이나 수분에 의해 열화되는 경우도 있기 때문에 그 취급에는 충분한 주의가 필요하다. 접착에 사용하는 수지 재료의 열화는 일반적으로 직사광선이 닿지 않는 그늘진 서늘한 곳에 보관하는 등의 조치가 필요하다.

운반, 안전상의 관점에서는 희석 용제를 함유한 수지는 발생 가스가 어느 농도 이상이 되면 인체에 유해하다. 따라서 용기의 밀폐를 확실하게 하고 직사광선을 피해 그늘진 서늘한 곳에 보관하지 않으면 안 된다. 또 인화하기 쉽기 때문에 화기에 주의해야 할 필요가 있으며 보관 수량에 대해서는 규정 수량을 준수하도록 하며 사용 재료의 취급에 관한 재료 열화나 안전상의 배려는 각 재료의 제조자가 작성하는 취급설명서에 따른다.

4.4.2 콘크리트 표면 처리 및 준비

(1) 콘크리트 표면의 보수대상 균열 폭은 0.3mm 이상을 원칙으로 한다.

(2) 콘크리트 표면의 취약부 및 돌기나 단차 등은 치핑 또는 연마에 의해 제거하고, 평탄하게 하여 단차가 1mm 이내인 것을 원칙으로 한다.

(3) 기둥 및 보 등의 모서리 부분은 다음과 같이 소정의 곡률을 두어 모서리 부분은 섬유보 강복합재료 보강재의 응력집중에 의한 파단을 방지하여야 한다.

FRP 종류	곡률 반경
CFRP	50mm 이상
AFRP	10mm 이상
GFRP	20mm 이상

(4) 콘크리트 표면처리 중에 발생한 먼지, 기름 등은 충분히 제거하여야 하며, 수분제거 후 24시간 동안 건조시켜야 한다.

(5) 도료 및 모르타르 등의 마감재가 콘크리트 표면에 시공된 경우에는 반드시 이들 마감재를 제거하여야 한다.

해설

운반, 안전상의 관점에서는 희석 용제를 함유한 수지는 발생 가스가 어느 농도 이상이 되면 인체에 유해하다. 따라서 용기의 밀폐를 확실하게 하고 직사광선을 피해 그늘진 서늘한 곳에 보관하지 않으면 안 된다. 또 인화하기 쉽기 때문에 화기에 주의해야 할 필요가 있으며 보관 수량에 대해서는 규정 수량을 준수하도록 하며 사용 재료의 취급에 관한 재료 열화나 안전상의 배려는 각 재료의 제조자가 작성하는 취급설명서에 따른다.

4.4.3 프라이머 도포

(1) 시공도에 따라 섬유보강복합재료의 부착위치를 콘크리트 표면에 먹메김한다.

(2) 프라이머를 도포하는 콘크리트 표면은 건조한 상태를 원칙으로 한다.

(3) 프라이머를 도포하는 경우의 외부기온은 10℃ 이상이어야 하며, 외부기온이 10℃ 미만인 경우, 보온양생 등의 특별한 조치가 이루어져야 한다.

(4) 프라이머의 가사시간이 지난 것은 사용해서는 안 되며, 주제 및 경화제의 혼합비율은 반드시 지켜야 하고 동시에 충분히 혼합되어야 한다. 또한, 프라이머는 콘크리트 표면에 충분히 침투시켜야 한다. 또한 프라이머 소요량은 $0.2 \sim 0.3 kgf/m^2$ 이상으로 하며 시공범위보다 적어도 3cm 이상 도포해야 한다.

(5) 콘크리트 표면처리에서 마무리하지 못한 작은 단차 및 구멍 등은 에폭시계 퍼티에 의해 조정을 실시하여야 한다.

(6) 섬유 또는 기타 앵커의 설치가 요구되는 곳은 반드시 프라이머 도포 전에 구멍을 뚫어야 한다.

4.4.4 섬유보강재료 부착

(1) 섬유보강복합재료는 보강설계에 의해 산출된 FRP 보강량을 기초로 준비하며, 기존에 설치되어 있는 설비 등에 의해 섬유보강복합재료가 손상된 경우는 감소분을 고려하여 부착하는 쉬트량을 증가시킨다.

(2) 섬유보강복합재료 부착시 프라이머와 퍼티는 손으로 직접 접촉하여 경화 상태임을 확인하고, 수분이 존재하지 않은 것을 확인하여야 한다. 또한, 섬유보강복합재료 부착시 온도는 10℃ 이상이 바람직하며, 그 미만인 경우는 보온양생 조치가 필요하다.

(3) 함침용 에폭시수지는 가사시간이 지난 것은 사용하지 않는다. 또한, 함침용 에폭시수지는 FRP에 확실히 함침시켜 섬유보강복합재료와 콘크리트와의 밀착을 확보하여야 한다. 특히, 기포가 생기지 않도록 충분히 공기를 빼내야 한다.

(4) 섬유보강복합재료가 설계도면에 명시된 것으로부터 5도 이상 벗어나지 않도록 시공하는 것을 원칙으로 한다.

(5) 부착된 섬유보강복합재료는 소정기간 충분히 양생하여야 한다.

(6) 이음길이는 섬유보강복합재료 종류에 따라 다음과 같은 최소 길이 이상이어야 한다.

- 탄소섬유쉬트 : 최소 10cm

- 아라미드섬유쉬트 : 최소 20cm

- 유리섬유쉬트 : 최소 20cm

4.4.5 양생 및 마감

(1) 함침용 에폭시수지의 경화가 완료되기까지 비가 오거나 또는 먼지가 붙는 경우에는 비닐 덮개 등으로 양생을 실시하여야 한다. 또한, 양생기간 중 기온이 10℃ 이하로 떨어지는 경우에는 반드시 보온양생을 실시하여야 한다.

(2) 함침용 에폭시수지 경화 도중에 보강표면이 손상되거나 제3자가 만지지 않도록 조치를 취하여야 한다.

(3) 함침용 에폭시수지 및 신너 등의 냄새가 외부로 유출되지 않도록 양생하며, 시공자가 유독가스로 인하여 피해 받지 않도록 환기조치를 하여야 한다.

(4) 섬유보강복합재료 보강공법이 적용된 표면은 내구성, 내화성, 내충격성, 미관 등의 요구성능을 만족하도록 적절하게 마감하여야 한다.

4.5 검 사

4.5.1 일반 사항

(1) 보강된 콘크리트 구조물이 소요 성능을 갖는 것을 확인할 수 있도록 시공의 각 단계에서 필요한 검사를 해야 한다.

(2) 시공의 각 단계에서 필요한 검사는 일반적으로 섬유보강복합재료, 프라이머, 퍼티, 함침용 에폭시수지 등의 품질검사, 그러한 재료의 보관상태 검사, 콘트리트 표면처리의 검사, 완성 후의 섬유보강복합재료의 부착 상태의 검사로 한다.

(3) 검사 결과, 합격이라고 판정되지 않은 경우는 적절한 조치를 강구해야 한다.

4.5.2 재료

(1) 섬유보강복합재료, 프라이머, 퍼티, 함침용 에폭시수지 등의 재료는 그러한 것이 소요 품질인지 아닌지를 받아들일 때 검사하여야 한다.

(2) 재료의 보관은 그것이 적절한 상태로 이루어져 있는지를 검사해야 한다.

4.5.3 콘크리트 표면검사

(1) 균열이 발생된 부위나 콘크리트가 손상된 부위는 보수되어 있어야 한다.

- 보수대상 균열폭은 내구성을 고려하여 0.3mm 이상으로 한다.
- 균열보수는 에폭시수지 저압주입공법으로 한다.
- 균열 손상 복구후의 표면단차는 1mm 이내가 되도록 마감한다.

(2) 콘크리트 표면 상태는 다음과 같이 하여야 한다.

- 항상 건조한 상태(습도 10% 이하)여야 한다.
- 표면의 단차는 1mm 이내로 한다.
- 콘크리트 표면의 먼지나 이물질은 충분히 제거되어야 한다.

(3) FRP 보강재의 우각부나 모서리부의 곡률반경은 다음 값 이상으로 한다.

- CFRP : 50mm 이상
- AFRP : 10mm 이상
- GFRP : 20mm 이상

4.5.4 섬유보강복합재료 인장강도

(1) 현장 양생 시험편은 관련 기준에 적합하도록 제작한다.

(2) 1회 시험에 5개 이상의 시험편을 제작한다.

(3) 시공에 사용되는 섬유보강복합재료의 인장강도를 시험하고 강도가 기준값 이상인지를 평가해야 한다.

4.6 시공기록

시공기록은 공사 중에 작성한 시공공정, 작업순서, 양생방법, 기후, 품질관리 및 검사, 구조물의 검사 가운데 필요한 data를 선택해 정리하고, 장기 보존을 도모해야 한다.

> **해설**
>
> 일반적으로 섬유보강복합재료는 구조물 보강용 재료로서 예전부터 사용하고 있는 강재보다도 염화물 이온에 대하여 높은 내식성을 갖고 있으며, 그 결과 섬유보강복합재료에 의해 보강된 콘크리트 구조물의 내구성도 우수해진다. 그러나 보다 장기적으로는 섬유보강복합재료가 각각의 환경에서 단독 또는 콘크리트와 복합적으로 복잡한 거동을 나타내므로 시공사항을 기록하고 장기 보존함에 따라 섬유보강복합재료에 의해 보강된 콘크리트 구조물에 대한 유지관리 기초자료로 활용될 수 있도록 기록 보관하는 것이 중요하다.

4.7 도면, 시방서 및 제출서류

4.7.1 기술적 요구사항

외부 접착 부착 보강 공법과 관련한 모든 작업은 우리나라 관련 규정에 따라야 하며 부착 보강공법에 대한 모든 설계 작업 및 도면화, 시방서 작성 등은 부착의 특성과 적용성을 충분히 알고 있는 전문 기술자의 지도하에 행해져야 한다.

> **해설**
>
> 우리나라에서는 별 규정이 없는 상태에서 부착 설계 작업이 이루어져 책임 한계가 모호하고 품질관리가 부족한 상태가 되어 보강한 구조물을 재보강하는 경우가 다수 발생하고 있다. 이를 위하여 본 장에서 최소한의 규정을 정하여 부착 보강공법의 신뢰성을 확보하고자 한다. 먼저, 외부 접착 부착 보강 공법과 관련한 모든 작업은 우리나라 관련 규정에 따라야 하며 부착 보강공법에 대한 모든 설계 작업 및 도면화, 시방서 작성 등은 섬유보강복합재료의 특성과 적용성을 충분히 알고 있는 전문 기술자의 지도하에 행해져야 한다.

4.7.2 도면과 시방서

부착 보강 설계를 수행하는 기술자는 보강설계에 사용되는 가정 사항과 변수를 요약하여 정리하고, 도면과 시방서를 작성해야 한다.

해설

부착 보강공법의 적용에 사용되는 도면과 시방서에는 다음 내용을 포함하고 있어야 한다.

(1) 사용되는 부착 보강 재료의 확인 절차 및 방법

(2) 기존 구조물에 관련된 부착 보강공법의 적용 방법

(3) 각 보강 겹수에 따른 보강섬유의 방향과 크기

(4) 보강 겹수와 각 보강 층의 설치 순서

(5) 이음의 위치와 겹침 길이

(6) 설계 하중과 허용 변형율

(7) 재료의 특성

(8) 모서리 준비상태 및 최대 요철의 크기의 한계를 포함한 표면 상태

(9) 표면 온도, 습윤 한계, 연속보강층 사이의 시공 시간을 포함한 설치 순서

(10) 양생과정

(11) 필요시 보호용 도장 제와 방수제의 종류 및 내용

(12) 저장 및 취급과 수명 지침

(13) 품질관리와 검사 절차

4.7.3 제출서류

(1) 섬유보강복합재료의 공급자

섬유보강복합재료의 공급자는 다음과 같은 서류를 구비하고 요구 시 제출하여야 한다.

- 섬유보강복합재료를 설명하는 생산 자료, 구성물질, 인장특성, 기타 특성을 알 수 있는 자료 및 사용된 실험 방법
- 재료들의 품질 확인과정, 재료 증명서
- 환경에 대한 내구성 실험 자료
- 구조실험 자료
- 납품실적

(2) 부착 보강공법의 시공자

부착 공법의 시공자는 다음 서류를 구비하고 요구 시 제출해야 한다.

- 신청된 부착 보강공법을 시공할 수 있다는 섬유보강복합재료료 공급자의 보증서
- 시공 실적
- 구조체의 표면 처리 기술 능력의 증명
- 품질관리 절차

(3) 부착 보강공법의 검사자

부착 보강공법의 적절한 수행 여부를 조사하기 위하여 보강공법에 대한 검사를 실시해야 한다. 검사를 수행하는 자는 다음의 서류를 제출해야 한다.

- 검사 방법에 관한 내용 보고서
- 검사결과에 관한 보고서

IV

노후 콘크리트교량 보강공법 유지관리 매뉴얼(안)

제1장 총 칙

1.1 목 적

(1) 본 유지관리매뉴얼(이하 매뉴얼)은 보강된 노후교량의 안전성 확보 및 경제적인 유지관리를 위해서 기본적으로 알아야 할 보강 관점에서의 점검 부위, 점검 요령 및 평가에 대한 실무적인 정보를 제공하는데 그 목적이 있다.

(2) 본 매뉴얼은 대표적인 콘크리트 보강공법의 보강성능 검증을 위해 수행한 실험과 문헌연구를 통해 각 공법별로 보강성능에 영향을 미치는 주요 오류 및 손상에 대한 품질관리 항목 및 검토 방법에 대해 기술한 것으로 본 매뉴얼에서 다루지 않는 일반 교량에 대한 유지관리 방법에 대해서는 「시설물 안전관리 및 유지관리에 관한 특별법」 및 관련 세부지침, 시행령에 따른다.

1.2 적용범위

(1) 본 매뉴얼은 교량 유지관리 담당자들이 유지관리 업무를 수행함에 있어서 보강된 교량에 대한 유지관리 측면의 관련 정보를 제공하는 참고용 안내서이다.

(2) 본 매뉴얼은 대표적인 보강공법인 긴장 보강공법과 부착 보강공법을 대상으로 하였으며, 검증 실험을 기반으로 작성된 각 공법별 설계 및 시공절차서(안)을 바탕으로 보강성능에 영향을 미치는 주요 보강부위와 여기에 발생하는 손상의 형태, 조치대책 등을 기술한 것으로 일반적인 보강된 콘크리트 도로교 주요부재 점검에 적용할 수 있다.

1.3 관련 법규 및 기준

(1) 기존 교량의 유지관리를 위한 조사, 상태평가, 유지관리절차와 방법 등에 대해서는 「시설물 안전관리 및 유지관리에 관한 특별법」 및 관련 세부지침, 시행령에 따른다.

(2) 보강된 교량의 설계 및 시공상태에 대한 검토는 본 연구에서 제시한 보강기술 설계지침(안) 및 보강기술 시공절차서(안)을 따른다. 그 외 이 매뉴얼에 안내하지 않은 사항에 대해서는 기본적으로 국내에서 제정된 관련 설계기준, 시방서, 설계지침, 발주처 지침 등에 따르며 국외의 공인된 관련 지침을 참고한다.

1.4 용어정의

유지관리 매뉴얼에 적용하는 용어는 관련 법규와 교량관련 기준 및 지침의 정의를 따른다.

제2장　보강공법 유지관리

2.1 일반사항

(1) 보강은 교량의 하중 저항 능력 즉, 내하력을 당초 설계 목적대로 회복시키거나 그 이상 으로 성능을 향상시키는 행위이다.

(2) 보강은 크게 수동형 공법과 능동형 공법으로 분류할 수 있으며, 수동형 보강공법은 기존 교량에 강도를 분담하는 보강재를 설치하여 교량의 내하력을 현재상태보다 향상 시키는 공법이며, 능동형 보강공법은 기존 교량에 긴장력과 같은 추가 외력을 도입하 여 교량의 응력상태를 개선하여 내하력을 향상시키는 공법이다.

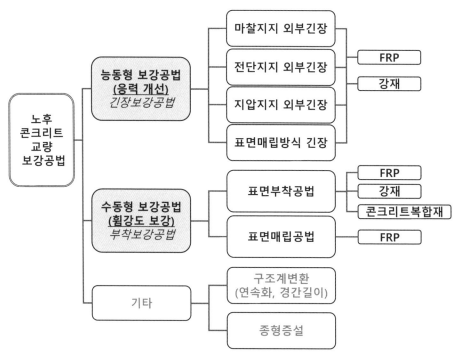

〈그림 1〉 콘크리트 교량 보강공법 분류

(3) 보강은 기존 콘크리트 교량에 새로운 보강재를 설치하여 응력을 분담하거나 개선하는 기본 원리를 따르기 때문에 응력 전달 경로가 되는 기존 교량과 설치된 보강재와의 일체화가 가장 중요한 점검 요소이다.

2.2 보강부재의 성능 저하

(1) 내하력 향상을 위해 교량에 설치된 보강부재는 기존 교량부재와 마찬가지로 설계·시공 오류, 외부 환경 변화, 재해 등 다양한 원인에 의해 성능저하가 발생한다.

(2) 재료적 성능저하로는 수분 등에 의해 발생하는 정착구·강연선·앵커 등 강재 보강재의 부식, 자외선이나 수분 등에 의해 발생하는 접착제 등 각종 수지류 보강재의 열화, 섬유보강복합재료의 열화 등이 있다.

(3) 구조적 성능저하로는 주로 기존 콘크리트와 새로운 보강재의 접합부에 발생하게 되며 외부에 부착 또는 매립된 보강재와 콘크리트 부착면의 부분적인 부착손상, 정착을 위해 설치한 앵커 주위의 균열, 정착구의 변형·활동 등이 있다.

2.3 보강부재의 주요 손상 부위

(1) 부착 보강공법으로 보강된 철근콘크리트 보는 극한상태에서 전형적인 휨파괴, 전단파괴 외에도 부착파괴가 발생할 수 있다. 부착파괴의 경우에는 응력집중이 발생하는 단부 또는 휨균열부에서 시작되어 급속하게 전파하는 특성이 있으므로, 해당 부위에 대해서는 주의하여 점검할 필요가 있다.

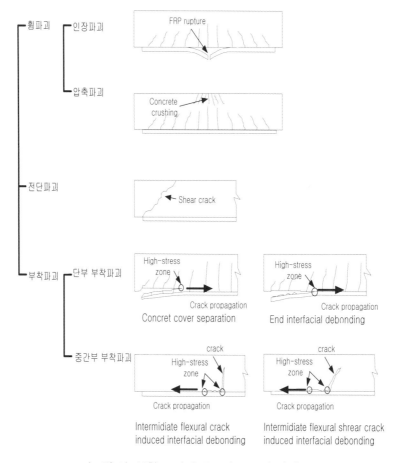

〈그림 2〉 부착 보강된 콘크리트 보의 파괴 모드

〈그림 3〉 주요 부착파괴 사례(실험)

(2) 긴장 보강공법으로 보강된 보에서는 주로 긴장재 정착장치 및 인근 콘크리트, 새들 및 인근 콘크리트에 구조적인 균열 등이 발생할 수 있다. 특히 정착장치의 활동이나 변형은 긴장재의 긴장력 손실을 유발할 수 있으므로 주의하여 관찰할 필요가 있다.

마찰지지 방식 　　　　　　전단지지 방식 　　　　지압지지 방식

〈그림 4〉 긴장 보강공법의 정착구 형상

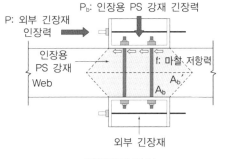 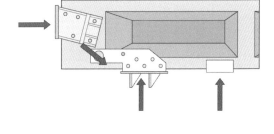

마찰지지 방식 　　　　　　전단지지·지압지지 방식

〈그림 5〉 긴장 보강공법 정착부 응력전달 경로

〈그림 6〉 주요 정착부 손상사례(실험)

2.4 외관 조사

(1) 보강된 교량의 보강부재에 대한 외관조사는 철근콘크리트 부재 또는 PSC 부재와 동일한 방법에 준하는 것으로 하며 부착 보강공법은 부착된 콘크리트 면에 대한 점검방법과 손상에 준하여 조사하고 긴장 보강공법은 PSC 부재의 정착부와 강선 조사 방법에 준하여 조사한다.

(2) 보강된 교량에 대한 외관 조사 시에 점검해야 하는 점검부위와 점검사항은 다음과 같다.

〈표 1〉 보강 교량의 점검부위 및 점검사항

점검부위		손상유형	점검사항	조치방안	점검방법
긴장 보강공법	정착부 및 새들부 주변	균열	정착 앵커 주변 균열, 접착면 균열	부분 보수	육안
		박리, 파손	정착부 주변 파손, 지압부 파손	정착부 보강 후 재설치	육안
	PC 강재, 강재 정착부	부식, 파단	강재 부식	부분 보수, PC 강재 교체	육안
		변형, 활동	강재 정착구의 변형, 정착부 미끄러짐	정착구 재설치	육안
부착 보강공법	보강재 단부	박리	콘크리트와 보강재 박리	부분 보수	육안
	보강재 중간부	박리	콘크리트와 보강재 박리	부분 교체	기포검사용 망치
		균열	휨균열 연단과 보강재 계면 균열 진행 상황	부분 보수	육안
		누수, 체수	관통 균열에 의한 누수 및 부착면 체수	배수 및 상부면 방수, 부분 보수	육안

(3) 부착 보강공법에서 콘크리트와 보강재와의 접착이 불량한 부위를 찾아내는 검사방법으로는 기포검사방법, 초음파 검사 등이 있는데, 기포검사는 검사용 망치를 이용한 매우 간단한 방법임에도 효과는 비교적 우수하다. 검사 방법은 부착된 보강재의 표면을 망치로 두드려 보아 정상적인 부위와 다른 소리가 나는 부위를 표시함으로서 불량부위를 판별할 수 있다.

부착 보강공법에서 박리가 발생한 경우에는 박리된 범위에 따라 적절한 방법으로 보수를 실시해야 한다. 시트 형태의 보강재인 경우에는 범위에 따라 다음과 같이 조치하는 것이 바람직하며, 판 형태의 보강재인 경우에는 손상부위를 중심으로 주응력방향의 보강재를 부분 교체하는 것이 바람직하다.

〈표 2〉 시트형 부착 보강재의 박리 조치 방법

구분	검사기준	보수 방법
면처리 불량	10mm 이상	주사기로 기포부위에 에폭시 주입
	10mm 미만	• 5개/m² 이상 : 주사기로 기포부위에 에폭시 주입 • 5개/m² 미만 : 합격(보수 불필요)
쉬트 들뜸	20mm 이상	쉬트 제거 후 재부착(섬유길이방향 이음길이 준수)
	10~20mm	섬유방향으로 칼자국을 내고 주걱을 사용하여 수지 보충
	10mm 미만	• 5개/m² 이상 : 섬유방향으로 칼자국을 내고 수지 보충 • 5개/m² 미만 : 합격(보수 불필요)
	1,300mm² 미만	총 들뜸면적의 5%보다 작은 경우(보수 불필요) 10개/m² 미만 : 합격(보수 불필요)
	16,000mm² 이상	시공된 FRP 거동에 영향을 줄 수 있으며 불량면적을 제거하고 동등한 겹수를 팻칭하여 보수
	16,000mm² 미만	에폭시수지를 주입하거나 크기, 들뜸의 수 및 그 위치에 따라 ply 교체에 의한 보수

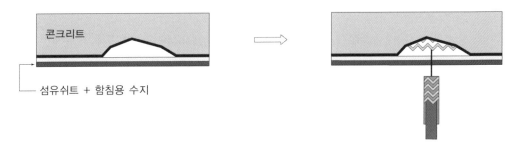

(a) 면처리 불량 시 보수방법

(b) 쉬트 들뜸 시 보수방법

〈그림 8〉 시트형 부착보강재 박리 조치 방법

제3장 보강공법 품질관리

3.1 개 요

(1) 보강은 교량의 극한상태의 강도 또는 사용한계 상태의 응력을 향상시키는 방법으로 시행되기 때문에 보강 후 재하시험 등을 통한 보강효과의 판단은 곤란하다.

(2) 목표한 보강성능이 확보되지 않은 이유는 설계·시공상의 오류가 가장 큰 원인으로 판단되므로, 보강된 교량의 보강공사가 적절한 설계·시공절차에 따라 시행되었는지를 평가하는 것은 매우 중요하다.

(3) 본 장에서는 대표적인 보강공법에 대해 보강성능에 영향을 주는 설계·시공 검토사항에 대헤 설명하였다.

(4) 본 장에서 제시하는 주요 검토 내용은 보강된 교량에 대한 유지관리에서 설계·시공 당시의 상태와 현재상태를 비교하는 데 활용할 수 있으며, 보강공법 시행 시 설계·시공 각 단계의 품질관리에도 활용할 수 있다.

3.2 긴장 보강공법

3.2.1 보강목표 검토

주요 점검 항목	검토서류
가. 선정 보강공법의 적용 타당성(응력 개선 목적)	▶ 진단 보고서(주형 실측자료, 실측 캠버량, 부착물 위치, 손상 상태 필히 포함)
나. 보강목표 및 보강내용 달성 방법 및 효과	▶ 진단 보고서 검토 의견서(보강목표 및 보강 내용 명시)

3.2.2 긴장용 PS 강봉(마찰지지인 경우)

주요 점검 항목

마찰력의 크기는 외부 긴장재의 인장강도를 충분히 지지할 수 있어야 한다.

검토서류

▶ 보강설계도서
▶ PS 강봉 제원, 제품 보증서 또는 시험 성적서 (항복강도, 인장강도, 연신율 필히 포함)

3.2.3 외부 긴장재의 재킹력

주요 점검 항목

가. 발생 가능한 손실을 모두 고려해야 한다. (정착장치 슬립, 마찰, 콘크리트 탄성수축, 릴랙세이션)
나. 유효 프리스트레스는 목표 사용하중 상태에서 주형에 발생하는 응력이 허용응력을 만족시키도록 산출하여야 한다.

검토서류

▶ 보강설계도서
▶ 진단 보고서(주형 실측자료, 주형 손상 상태, 실측 캠버량, 내부 강재 탐사기록, 콘크리트 압축강도 필히 포함)
▶ PS 긴장재 제원, 제품 보증서 또는 시험 성적서(항복강도, 인장강도, 연신율 필히 포함)
▶ 기타 재료 제원 및 필요 상수(마찰계수 등)

3.2.4 정착구 지지성능

주요 점검 항목

가. 외부 긴장재의 인장강도를 설계력으로 적용해야 한다.
나. 용접 길이 및 용접 목두께는 외부 긴장재의 인장강도에 의해 용접부에 발생하는 응력이 허용응력을 만족시켜야 한다.
다. 외부 긴장재의 인장하중에 의해 심각한 변형이 발생해서는 안 된다.
라. 주형 손상 상태와 비교하여 정착구 설치에 의한 손상이 발생해서는 안 된다.
마. 외부 프리스트레싱에 의해 앵커에 발생하는 전단력은 허용전단응력 이내여야 한다.

검토서류

▶ 보강설계도서
▶ 진단 보고서(주형 실측자료, 주형 손상 상태, 콘크리트 압축강도 필히 포함)
▶ PS 긴장재 제원, 제품 보증서 또는 시험 성적서(항복강도, 인장강도, 연신율 필히 포함)
▶ 강재 제원, 제품 보증서 또는 시험 성적서

3.2.5 정착구에 의한 콘크리트 지압 검토

<table>
<tr><td align="center">주요 점검 항목</td><td align="center">검토서류</td></tr>
</table>

가. 콘크리트에 힘이 전달되는 모든 부분을 검토해야 한다. 대표적인 부분은 정착구가 지압하는 부분과 강봉이 지압하는 부분이다.

나. 외부 긴장재의 유효 프리스트레스에 의해 발생하는 콘크리트 지압응력은 허용응력 이내여야 한다.

다. 외부 긴장재의 인장응력에 의해 발생하는 힘은 콘크리트 지압강도 이내여야 한다.

▶ 보강설계도서
▶ 진단 보고서(주형 실측자료, 주형 손상 상태, 콘크리트 압축강도 필히 포함)

3.2.6 새들 지지성능

<table>
<tr><td align="center">주요 점검 항목</td><td align="center">검토서류</td></tr>
</table>

가. 외부 긴장새의 인장강도를 설계력으로 적용해야 한다. 또한 새들 위치에서 발생하는 모든 힘을 고려하여 허용응력 이내로 설계해야 한다.

나. 용접 길이 및 용접 목두께는 외부 긴장재의 인장강도에 의해 용접부에 발생하는 응력이 허용응력을 만족시켜야 한다.

다. 외부 긴장재의 인장하중에 의해 심각한 변형이 발생해서는 안 된다.

▶ 보강설계도서
▶ 진단 보고서(주형 실측자료, 주형 손상 상태, 실측 캠버량, 내부 강재 탐사기록, 콘크리트 압축강도 필히 포함)
▶ PS 긴장재 제원, 제품 보증서 또는 시험 성적서(항복강도, 인장강도, 연신율 필히 포함)
▶ 강재 제원, 제품 보증서 또는 시험 성적서

3.2.7 정착구 및 새들 설치용 앵커

주요 점검 항목	검토서류
가. 발생가능한 모든 힘을 판단해야 하며, 해당 힘에 대해 앵커의 전단력은 허용전단응력을 만족해야 한다. 나. 앵커의 개수	▶ 보강설계도서 ▶ 진단 보고서(주형 실측자료, 주형 손상 상태, 실측 캠버량, 내부 강재 탐사기록, 콘크리트 압축강도 필히 포함) ▶ PS 긴장재 제원, 제품 보증서 또는 시험 성적서(항복강도, 인장강도, 연신율 필히 포함)

3.2.8 앵커의 이격거리 및 삽입 깊이

주요 점검 항목	검토서류
가. 앵커의 삽입깊이 나. 앵커 사이의 이격거리	▶ 내부 강재 탐사기록 ▶ 보강설계도서 ▶ 진단보고서(콘크리트 압축강도 필히 포함)

3.2.9 정착강판의 연단거리

주요 점검 항목	검토서류
가. 최소 연단거리 검토 나. 최대 연단거리는 표면의 판두께의 8배로 하고 150mm를 넘지 않도록 한다.	▶ 정착구 설계도면 ▶ 강재 제원, 제품 보증서 또는 시험 성적서

3.2.10 자재 및 관리

<table>
<tr><th>주요 점검 항목</th><th>검토서류</th></tr>
<tr><td>가. 재료의 품질(PS 강재, 구조용 강재, 용접재료, 쉬스, 접착제 등)</td><td>▶재료 품질 보증서(시험 성적서)</td></tr>
<tr><td>나. 현장 실험이 필요한 재료에 대해서는 시험 성적서</td><td>▶해당 재료 유효 기간
▶자재 관리 계획 및 증빙물</td></tr>
<tr><td>다. PS 강재의 방청처리 여부(종류, 방법 등)</td><td></td></tr>
<tr><td>라. 자재 상태(유해한 녹, 흠, 유효 기간 등)</td><td></td></tr>
<tr><td>마. 자재 관리 계획</td><td></td></tr>
</table>

3.2.11 정착구 및 새들 제작

<table>
<tr><th>주요 점검 항목</th><th>검토서류</th></tr>
<tr><td>가. 재료의 가공 방법(강재 절단, 구멍 뚫기 등)</td><td>▶ 재료 품질 보증서 또는 시험 보고서</td></tr>
<tr><td>나. 설치도서 내용 준수 여부</td><td>▶ 용접 시공서 및 사진(청소상태, 용접방법, 용접절차, 사용재료, 검사방법 등)</td></tr>
<tr><td>다. 용접 환경, 전류, 전압, 속도, 종류, 방향, 순서 등의 용접조건</td><td>▶ 제작 확인서 및 검사 보고서, 사진(변형교정, 응력제거, 결함부 보수 등)</td></tr>
<tr><td>라. (해당시) 용접 결함부 보수 기록과 조치</td><td>▶ 방청처리</td></tr>
<tr><td>마. 차후 변형발생시 이를 가늠할 수 있는 수치 및 기록, 사진</td><td></td></tr>
<tr><td>바. 방청처리</td><td></td></tr>
</table>

3.2.12 정착구 및 새들 설치

주요 점검 항목

가. 바탕면 처리
나. sealing 시공 및 품질(방법, 양생, 시공높이, 주입공간 등)
다. 접착제 시공 및 품질(방법, 양생, 시공높이, 파이프 설치 등)

검토서류

▶ 시공 계획서(순서, sealing, 접착제 혼합량, 주입방법 등)
▶ 용접 절차서
▶ 재료 품질 보증서 또는 시험 보고서(유효 기간 등)
▶ 용접 시공서 및 사진(청소상태, 용접방법, 용접절차, 사용재료, 검사방법 등)
▶ 제작 확인서 및 검사 보고서, 사진(변형교정, 응력제거, 용접결함부 보수, 시공 중 주형 손상·보수기록, 사진 등)

3.2.13 PS 강봉의 인장작업(마찰지지)

주요 점검 항목

가. 인장 장비 성능 및 인장 방법
나. 프리스트레싱 관리
다. 도입된 인장력의 설치도서와의 일치 여부
라. 도입된 마찰력 크기

검토서류

▶ 보강설계도서
▶ 재료 제원, 품질 보증서 또는 시험 보고서
▶ 장비 성능 보증서(캘리브레이션 실시 등)
▶ 인장 계획서(인장량 측정방법, 안전대책 등)
▶ 인장 작업서(시공 중 파악 가능한 모든 상황과 수치, 사진 등 포함)

3.2.14 외부 긴장재 설치

주요 점검 항목

가. 긴장전 측정된 현재 캠버량
나. 쉬스 설치 상태(위치, 지지력 등)
다. 시공 중 PS 긴장재의 손상 및 보수

검토서류

▶ 재료 제원, 품질 보증서
▶ 작업 보고서(설치 위치 확인 기록, 긴장재 재피복 여부, 사진 등)

3.2.15 프리스트레싱

<table>
<tr><td align="center">주요 점검 항목</td><td align="center">검토서류</td></tr>
</table>

가. 인장 장비 성능 및 인장 방법

나. 프리스트레싱 관리

다. 도입된 인장력의 설치도서와의 일치 여부

라. 캠버 변화량

마. 시공 중 주형의 손상 및 정착구 및 새들의 변화

▶ 캠버 측정 계획

▶ 보강설계도서

▶ 재료 제원, 품질 보증서 또는 시험 보고서

▶ 장비 성능 보증서(캘리브레이션 실시 등)

▶ 인장 계획서(인장량 측정방법, 안전대책 등)

▶ 인장 작업서(시공 중 파악 가능한 모든 상황과 수치, 사진 등 포함)

3.2.16 시공마무리

<table>
<tr><td align="center">주요 점검 항목</td><td align="center">검토서류</td></tr>
</table>

가. 쉬스 그라우팅 방법(반드시 재인장이 가능해야 한다)

나. 외부 긴장재의 여유장 및 절단 방법

다. 보호캡 시공(재질, 성능, 그라우팅 등)

라. 방청처리(외부 긴장재, 정착구, 새들, 보호캡 등)

마. 최종 보강 상태

▶ PS 강재 절단 시공서(기록, 사진)

▶ 보호캡 품질 보증성 및 시공서(기록, 사진)

▶ 방청처리 시공서(기록, 사진)

▶ 최종 조사서(기록, 사진)

3.2.17 최종 검사 결과

<table>
<tr><td align="center">주요 점검 항목</td><td align="center">검토서류</td></tr>
</table>

가. 제작 품질 및 설치 정밀도

나. 주형의 손상

다. 정착구 및 새들의 변형 또는 슬립 등

라. 방청처리

마. 기타 이상 징후

▶ 보강설계도서

▶ 실측 자료

▶ 작업 보고서

3.3 부착 보강공법

3.3.1 보강목표 검토

주요 점검 항목	검토서류
가. 선정 보강공법의 적용 타당성(강도 향상)	▶ 진단 보고서 ▶ 진단 보고서 검토 의견서(보강목표 및 보강 내용 명시)

3.3.2 보강한계

주요 점검 항목	검토서류
가. 보강한계 하중 검토 여부 나. 표면인장강도 및 압축강도 검토	▶ 보강 구조설계서 ▶ 보강 구조계산서 ▶ 콘크리트 표면인장강도, 압축강도 시험성적서 및 시험사진

3.3.3 부착 보강공법 설계

주요 점검 항목	검토서류
가. 섬유보강복합재료에 대한 환경계수 등 적용 여부 나. 단부 부착파괴 제한(보강 길이 검토) 다. 중앙부 부착파괴 변형률 검토 라. 부착 보강재의 추가강도감소계수 검토 마. 설계강도의 소요강도 만족 여부	▶ 보강 구조설계서 ▶ 보강 구조계산서 ▶ 사용재료의 시험성적서

3.3.4 부착 보강용 사용재료

주요 점검 항목	검토서류

가. 재료의 시험성적서 및 품질 확인서 등
나. 같은 제조사 및 품명인지 검토
다. 제품의 상태 및 물량 검토

▶ 재료 시험성적서, 내구성 및 구조실험자료, 납품실적
▶ 특별시방서
▶ 제조사 및 품명이 명시된 보강재료의 시험성적서
▶ 용기의 기재 또는 제조자의 첨부서류, 계획 및 반입수량 자료

3.3.5 콘크리트 표면처리

주요 점검 항목	검토서류

가. 균열보수 실시
나. 콘크리트 표면의 취약부, 돌기 등을 제거하여 단차 1mm 이내로 평탄화 작업
다. 모서리 곡률 처리가 있는지 검토
라. 콘크리트 표면처리 중에 발생한 먼지, 기름 등 제거검토

▶ 균열도, 보수공법 선정사유서, 균열 보수 전후 시공기록 및 사진
▶ 콘크리트 표면 처리 전후 시공기록 및 사진
▶ 모따기 전·후 시공기록 및 사진(시공도면에 모따기 위치 및 곡률반경 기록)
▶ FRP 복합재료의 시험성적서(필요시)
▶ 콘크리트 표면 청결작업 전후의 시공사진

3.3.6 프라이머 및 퍼티

주요 점검 항목	검토서류

가. 시공 기온 및 습도를 준수 여부
나. 시공사용량
다. 주제/경화제 혼합비 준수 여부
라. 가사시간 이내에 시공 완료 여부
마. 보강면적 이상 프라이머 도포 여부
바. 양생 후 표면처리 작업 여부

▶ 재료 계량 및 혼합 기록 및 사진
▶ 보강면적에 도포 중인 사진, 도포 완료된 사진
▶ 표면상의 구멍 및 요철 부위에 도포중인 사진, 도포 완료된 사진, 퍼티 양생 후 표면처리 전후 사진

3.3.7 섬유보강복합재료 부착

주요 점검 항목	검토서류

가. 보강설계 산출량만큼 보강재 준수 여부   ▶ 보강 구조설계서

나. 프라이머 및 퍼터의 경화 상태 여부   ▶ 보강 구조계산서

다. 에폭시 수지의 가사시간 준수 여부   ▶ 재료 시험성적서

라. 복합재료 보강 시 설계도면(각도) 준수 여부

마. 이음길이 준수 여부

3.3.8 양생 및 마감

주요 점검 항목	검토서류

가. 양생온도 및 기간 준수 여부

나. 접착강도 시험위치 시공도면 표시 여부

다. 접착강도 검토

라. 도장 전후 검토

▶ 시공기록, 양생기간 기록, 함침용 에폭시수지 시험성적서, 초기양생시간기록, 덮개양생 시공사진

▶ 접착강도시험위치도 또는 시공도면, 접착강도 시험방법, 시험성적서, 시험사진, 복구 전후의 시공사진, 검사 방법에 관한 내용 보고서, 검사결과에 관한 보고서

▶ 도장 전후 시공사진

노후 콘크리트교량 보수보강 지침(안)

초판 1쇄 발행 2022년 8월 10일

저자 노후교량장수명화연구단장 박영석
발행처 KSCEPRESS
등록 2017년 3월 10일(제2017-000040호)
주소 (05661) 서울 송파구 중대로25길 3-16, 토목회관 7층
전화 (02) 407-4115
팩스 (02) 407-3703
홈페이지 www.kscepress.com
인쇄 및 보급처 도서출판 씨아이알(Tel. 02-2275-8603)

ISBN 979-11-91771-11-4 (93530)
정 가 30,000원